by
糖果廚房
**Chef
BonBon**

莊雅閔——著

QUICHES
&
TARTS

不 失 敗 玩 塔 派 !

**皮餡基礎與造型變化,
在家做出季節感 ╳ 多國籍 ╳ 一口食的創意塔派**

CONTENTS

PART 2.
四季風味甜塔派

PART 3.
多國籍創意鹹塔派

PART 4.
一口食的宴客塔派

PREFACE

作者序

派與塔是經常會被混淆的兩種點心，雖然皆是由麵粉、雞蛋、砂糖、奶油所組成，但依攪拌手法或素材比例搭配的不同，可創作出的口感也不一樣。為什麼要稱為點心而不是甜點呢？是因為兩者在餡料運用上都可以有甜、鹹多種變化。

派與塔的不同，主要是以外觀和烤模來區分，通常派會連同烤模一同上桌，有時上方還會再蓋上一塊派皮一同烤製，以圓形居多；塔則可用不同造型的烤模做變化，脫模後才上桌。在講究美食的法國，派與塔的區別主要在於麵團的層次，有餅乾般酥脆的口感，也有強調重複摺數而產生的酥鬆層次。

製作派塔麵團時，雖不會特別強調使用材料的溫度，但因為其麵團含有大量奶油，所以操作的室溫不能過高，混拌時要用壓拌的方式迅速完成，以防止奶油融化，而造成烘烤後的口感變硬喔。

其實派與塔並沒有一定準則的做法，只要了解如何調整食材比例及烘製手法，就可以製作出屬於自己風格的派塔點心。

IN & OUT
認識塔派的皮與餡

派塔類點心的烘烤方式主要是依內餡熟度狀況和想表現的口感來決定要搭配生塔派皮或熟塔派。通常，生皮與生餡一同烘烤，塔殼吸收了餡中的水分，脆度雖不及熟皮，但是皮與餡的口感較融洽；而盲烤後的熟皮口感就顯得獨立、有個性許多。大致上可分為：

[生皮生餡]

不能直接食用的內餡需要較長時間烘烤，所以通常會填入生皮中一起入爐烘烤至熟，例如乳酪塔與紅酒無花果塔、酥皮蘑菇派…等。

[生皮熟餡]

塔皮填入熟餡後才入爐烘烤，例如反轉迷迭香鳳梨塔、鄉村蘋果太陽派、哈曼果醬三角派餅…等。

[熟皮生餡]

先不填餡，只先將塔皮烤熟，此步驟稱為「盲烤」或「預烤」，適用於填入不能直接食用的內餡，如需加蛋奶液的鹹餡、櫻桃克拉芙提…等，或本書中部份的鹹內餡。

[熟皮熟餡]

同樣也是先「盲烤」，適用於填入已冷卻並可直接食用的餡，如蒙布朗塔、檸檬塔、巧克力塔…等，或本書中部份可直接填入的鹹內餡。

THE TOOLS
本書使用的塔模

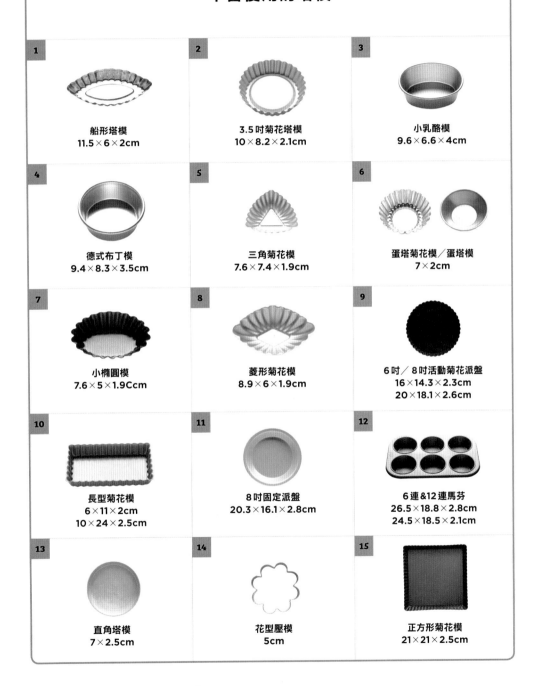

1
船形塔模
11.5×6×2cm

2
3.5吋菊花塔模
10×8.2×2.1cm

3
小乳酪模
9.6×6.6×4cm

4
德式布丁模
9.4×8.3×3.5cm

5
三角菊花模
7.6×7.4×1.9cm

6
蛋塔菊花模／蛋塔模
7×2cm

7
小橢圓模
7.6×5×1.9Ccm

8
菱形菊花模
8.9×6×1.9cm

9
6吋／8吋活動菊花派盤
16×14.3×2.3cm
20×18.1×2.6cm

10
長型菊花模
6×11×2cm
10×24×2.5cm

11
8吋固定派盤
20.3×16.1×2.8cm

12
6連&12連馬芬
26.5×18.8×2.8cm
24.5×18.5×2.1cm

13
直角塔模
7×2.5cm

14
花型壓模
5cm

15
正方形菊花模
21×21×2.5cm

PART

1

BASIC

塔派製作基礎

製作塔派之前，先學會三種麵團的製作基礎，以及入模方
式、塔派邊緣的變化，還有一定要知道的基本內餡怎麼做。
打好了基本功，你也能從零開始，慢慢變化製作屬於自己風
格的各種塔派了。

A

各種塔派皮麵團

PÂTE SUCRÉE

法式甜塔皮

組織細緻、
口感硬脆！

使用「糖油拌合法」將麵粉、油脂、雞蛋和糖製成甜麵團，
與餅乾的做法類似，非常容易上手。烘烤後的組織細緻、口
感硬脆，適合搭配食材做成甜塔。如果配方中使用的糖粒越
細，會使組織越細緻；若糖粒越粗，組織就越粗糙，同時也
會影響到烘烤後的塔皮口感。

中筋麵粉	200g
杏仁粉	30g
發酵奶油（室溫）	120g
糖粉	60g
鹽	1小撮
全蛋	30g

[麵團製作]

1. 將室溫下的軟化奶油放入鋼盆。
2. 以打蛋器打成乳霜狀，加入糖粉、鹽拌勻。
3. 分次加入蛋液混拌均勻，每次需等蛋液吸收後再加入下次蛋液。
4. 倒入過篩粉類和杏仁粉，用橡皮刮刀切拌成團。
5. 稍微整平成均勻的扁塊狀，用保鮮膜包覆後，放冰箱冷藏醒麵約30分鐘以上。

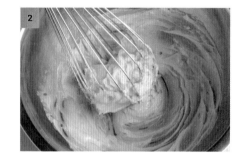

[入模方式]

6. 將麵團從冰箱取出，並先在工作檯上撒上手粉。

7. 用刮板分割成所需製作重量的小麵團。

8. 將小麵團擀成2mm厚度，比塔模大兩號左右的麵片。

9. 拿起麵片，平鋪在塔模上。

10. 讓麵片自然落進塔模中，可避免使用指腹入模時會留下指印。

11. 利用指尖側腹，把落下的塔皮推入塔模側邊與底部、使其緊密貼合邊角。
12. 一邊旋轉模型，一邊壓合把塔皮壓緊。
13. 用刮板將多餘麵團的邊緣裁掉。
14. 用叉子在麵團底部戳洞，能防止塔皮烘烤時隆起，然後放冰箱冷藏30分鐘以上再使用。

[烘烤步驟]

15. 在生塔皮上覆蓋烘焙紙或油力士紙杯。

16. 接著放入鎮石（生米、豆類、石頭或其他耐高溫金屬亦可），以190℃烘烤約20分鐘後取出。

17. 拿掉烘焙紙與鎮石，刷上蛋液，掉頭烤約5-10分鐘。

**如何讓
甜塔皮製作
不失敗**

1 加入粉類拌合的動作不建議使用打蛋器操作，以免過度攪拌產生筋性。使用刮板用壓拌的方式才能做出鬆脆口感的塔皮。

2 製作塔皮麵團時，建議每一次對麵團揉捏、施加壓力後，最好能經過冷藏靜置，讓麵團充分鬆弛，烘烤後才不會緊縮變形。在家小量操作者，最好在麵團做完後以及烘烤前，放入冰箱冷藏1小時以上或隔夜最佳，以降低烘烤後變形的機率。

3 自冰箱取出塔皮後，直接擀開會容易裂開不好操作，必須先稍微回溫、按壓軟化具有延展性後再開始擀薄。

4 一般塔皮厚度約是2~3mm左右，若塔皮桿得太小、入模時沒有放在中心點、或者手部動作不熟練等因素，入模時可能會因過度延展或推擠塔皮，使塔皮邊緣太薄而碎裂。

5 烘烤塔皮時，為避免因為空氣加熱膨脹造成凸起，通常會在塔皮底部戳洞、讓空氣流通，並壓鎮石來預防膨起，也可使用本身有孔洞設計的法式塔圈搭配網狀矽膠烤盤墊幫助透氣。

6 塔皮烘烤完成，並完全冷卻定型後，可使用檸檬擦絲器或過篩器將塔皮不平整的地方打磨去屑，讓塔皮外觀更平整美觀。

BAKING TIPS

塔皮入模後，大都以擀麵棍將多餘塔皮裁掉，是因為塔皮烘烤後會產生微縮的狀況（視麵團鬆弛程度，麵團過度使用而產生筋性的話，就會縮更多），因此建議使用刮板傾斜45度角來切除多餘塔皮，使塔皮高度高於塔模高度，再加上適當的鬆弛，讓塔皮烘烤後還能維持與塔模差不多的高度。

PÂTE BRISÉE
法式酥脆塔皮

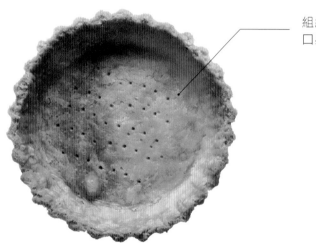

組織稍鬆散、
口感酥脆！

將麵粉與冰奶油塊搓揉為砂礫般的鬆散狀，好讓油脂來保護
麵粉的水分，並進一步防止出筋，這個製作步驟的技巧叫做
sablés，就是法文「沙子」的意思。一般常搭配香料運用在
鹹派的基底皮製作上，若喜歡酥脆塔皮的口感，可以嘗試加
入適量糖粉操作，就成了美味的法式餅乾囉。

中筋麵粉	200g
發酵奶油（冰）	100g
鹽	3g
全蛋	1顆
冷水	15ml

[麵團製作]

1. 用手將冰奶油塊與麵粉、鹽搓成鬆散的狀態。
2. 將蛋液和水混合，倒入步驟1。
3. 用叉子快速混合成一塊無粉粒的麵團。
4. 稍微整平成均勻的扁塊狀，用保鮮膜包覆後，放冰箱冷藏醒麵約30分鐘以上。

[入模方式]

5. 將麵團從冰箱取出，並先在工作檯上撒上手粉。

6. 用刮板分割成所需製作重量的小麵團。

7. 將小麵團擀成2mm厚度，比塔模大兩號左右的麵片。

8. 拿起麵片，平鋪在塔模上。

9. 讓麵片自然落進塔模中，可避免使用指腹入模時會留下指印。

10. 利用指尖側腹，把落下的塔皮推入塔模側邊與底部、使其緊密貼合邊角。

11. 一邊旋轉模型一邊壓合，把塔皮壓緊。

12. 用刮板將多餘麵團的邊緣裁掉。

13. 用叉子在麵團底部戳洞，能防止塔皮烘烤時隆起，然後放冰箱冷藏30分鐘以上再使用。

[烘烤步驟]

14. 在生塔皮上覆蓋烘焙紙或油力士紙杯。

15. 接著放入鎮石（生米、豆類、石頭或其他耐高溫金屬亦可），以190℃烘烤約20分鐘後取出。

16. 拿掉烘焙紙與鎮石，刷上蛋液，掉頭烤約5-10分鐘。

如何讓酥脆塔皮製作不失敗

1 所有的食材都必須是冰冷的狀態,而且要快速地搓揉完成。

2 製作塔皮麵團時,建議每次對麵團揉捏、施加壓力後,最好能經過冷藏靜置,讓麵團充分鬆弛,烘烤後才不會緊縮變形。如果是在家裡小量操作者,最好在麵團做完後與烘烤之前,放冰箱冷藏1小時以上或隔夜最佳,以降低烘烤後變形的機率。

3 塔皮入爐前,請確實在塔皮底部戳洞,以幫助烘烤時的熱氣排出;而壓鎮石則有助於塔皮底部能保持平整。

4 在塔皮內放入鎮石並烘烤,然後拿掉鎮石,刷上一層蛋液,接著再次入爐烘烤;此動作是為了隔絕蛋奶液和內餡直接接觸塔皮。

5 鹹塔皮會依據食材用料的不同,而比甜塔皮的口味更多樣化。建議可以善用乾性材料(例如香料、堅果粉、蔬果粉,製作時可同時與麵粉一同混合;而溼性材料(例如蔬菜泥、果汁…等),則可等量取代塔皮材料中的雞蛋與冰水比例。

6 通常將奶油與麵粉搓揉成砂礫狀後,加水使麵團成形;也有一種做法是加入一小匙白醋,醋能避免麵筋生成,麵筋產生會使烤好的派皮變成硬硬的團塊,進而失去香酥口感。

PÂTE FEUILLETÉE
油酥塔皮

組織有層次、
口感酥脆！

油酥塔皮其實有著令人著名又熟悉的名字 ——「法式千層派皮」，好似千層的口感，讓人無法抗拒它的誘惑，非常適合搭配卡士達醬來吃。在派塔皮的操作中，就屬溫度要求條件最嚴苛，也是最容易失敗的，油酥派皮容易會吸收空氣中的水氣與餡料的水分而回軟，所以通常會採用現做現吃的方式。

中筋麵粉	180g
鹽	2g
發酵奶油（室溫）	20g
發酵奶油（冰）	110g
冷水	100ml

STEP BY STEP

[麵團製作]

1. 過篩粉類，加入室溫奶油、鹽、冷水，搓揉成不黏手的光滑圓麵團。
2. 用刀子在圓麵團上劃出十字，用保鮮膜包好，放冰箱冷藏半小時後再使用。
3. 取出麵團，將四個角撥開成正方形，用擀麵棍擀平。
4. 把冰奶油敲打成厚方片狀，放在麵皮上。
5. 用麵皮緊密包住奶油，用保鮮膜包好麵團，放冰箱冷藏15-30分鐘。
6. 取出麵團，在工作檯上撒手粉，用擀麵棍按壓麵團並擀開。
7. 將下方麵皮往中間摺疊1/3。
8. 上方麵皮也往中間摺疊1/3。
9. 把麵團轉90度放好，再次擀開，重覆步驟7-8的動作，然後放冰箱冷藏15-30分鐘，每三摺兩次為一個循環。
10. 重覆步驟6-9的動作，再做兩個循環即完成。

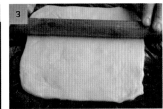

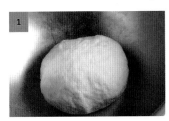

[入模方式]

11. 將派皮擀成約 2mm 厚的麵片。

12. 裁出需要的大小,直接將裁好的
    派皮鋪於塔模內。

> ### BAKING TIPS
>
> 烤焙派皮前要先戳洞,以免烘烤
> 時鼓起或變形。
>
> 烤焙時間到了之後,觀察輕觸派
> 皮邊緣是否已呈脆硬狀,有的話
> 才算烘烤完成。

**如何讓
油酥塔皮製作
不失敗**

1 製作時，切記必須要維持在低溫狀態下操作，若溫度不夠低，每個層次間的奶油容易融化而會被麵團吸收，這樣就無法烤出分明的層次了。

2 每次擀壓的動作要確實執行，否則層次不會變薄。

3 為了讓麵團筋性鬆弛，每個步驟至少要間隔30分鐘甚至更久，勉強操作容易造成破皮喔。

4 完成的麵團可先　成需要的厚度，擺在烤盤上並放冰箱冷凍保存，記得每層都要用烤焙紙分開，以防止沾黏。

5 酥皮麵團的應用可甜可鹹，除了一般常見的酥皮甜點，像是威靈頓牛排與酥皮濃湯也是運用酥皮麵團來操作的經典料理。

04

EASY WAY
TO MAKE DOUGH
免沾手塔皮

除了前面介紹的塔派皮作法之外，其實還有幾種偷吃步的製作方式，只要使用家中都會有的夾鍊保鮮袋、或有帶容器，把食材倒進去搖一搖或是揉一揉，就能快速做出麵團來；當然，你也可以用食物調理機來製作，它也是做塔派麵團的好幫手之一。

[保鮮袋或塑膠袋]

將奶油融化後倒入保鮮袋或塑膠袋內，依序加入麵粉、糖、鹽、蛋液，用力搖晃輕搓至均勻成團後，放冰箱冷藏30分鐘後鬆弛再取出使用。

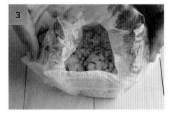

[帶蓋容器]

將粉類、糖、鹽混合後放入容器內，在中間做出粉巢，加入融化奶油、蛋液，蓋上蓋子，上下左右搖晃至均勻成團，取出以保鮮膜包妥，放冰箱冷藏 30 分鐘鬆弛再取出使用。

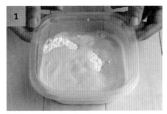 

[食物調理機]

將所有材料和奶油丁投入，按下操作鍵攪拌，直到成團為止，取出以保鮮膜包妥，放冰箱冷藏 30 分鐘鬆弛再取出使用。

BAKING TIPS

[塔派皮的保存方式]

基本上，會建議塔派點心新鮮做、新鮮吃，但如果塔派皮需要放到第二天再使用的話，請冷藏保存，若是長時間的話則建議冷凍，請參考以下方式：

[盲烤塔皮] 冷卻並脫模後，裝入密封袋中，放冷凍可保存 2 週；使用時不需退冰，直接放入預熱好的烤箱加熱，再填入可直接食用的內餡或配料即可。

[鹹派] 冷卻後裝入密封袋中，放冰箱冷凍可保存 2 週；要使用時，先退至常溫，再直接放入預熱好的烤箱加熱 10 分鐘（但實際時間請依塔派大小做調整）。

B

派塔皮的口味變化

加入香草香料果乾

[果乾需軟化再使用]

使用果乾時，建議於前一晚先泡酒，再捏乾使用。如果來不及泡水，可直接與熱水浸泡5分鐘、使之軟化，因為水分乾燥太硬或太大的果乾，咀嚼時會影響口感。

[加入香草與香料時]

天然香草需洗淨擦乾後再使用，天然與乾燥的有不同的風味感受，加上每款香草的香味濃淡不一，可依個人喜好增減。相較於使用天然香草，用乾燥香草時，份量需減半。

[先了解素材特性]

[果乾] 加入果乾或堅果的麵團，烘烤後會有酥脆顆粒、富有咀嚼口感，也能增加其營養價值，吃起來也較健康。

[香草] 在塔皮上均勻撒上適量香草　開，能為塔皮的視覺加分；但不要選擇水分太多或太大、過厚的類型，以免塔皮的　製入模時容易斷裂。

[香料] 香料的使用量不會影響派塔皮的口感，且能為香味加分，選用與內餡相呼應的香料，能讓整體組合更完美、提昇適口的均一性；再次提醒，乾燥與新鮮的香料風味不同，添加時需酌量。

[適時調整用鹽量]

如果選用的香料中含有鹽分的話，則塔皮配方中的鹽分就需酌量減少。

不同素材
加入麵團時的
份量

註：麵團為1份，請與麵粉材料同時加入。

紅藜　　　　　　　　　　　1大匙
RED QUINOA

適用於法式甜塔皮、酥脆塔皮，
也可用亞麻子籽，或黑、白芝麻替代。

橙皮　　　　　　　　2大匙（切碎使用）
ORANGES
CONFITES

適用於法式甜塔皮、酥脆塔皮，
也可用藍莓、蔓越莓⋯等天然果乾替代。

茶葉細末　　　　　　　　　1大匙
TEA LEAVES

適用於法式甜塔皮，也可用鹽漬櫻花、
桂花、薰衣草、玫瑰⋯等花草替代。

椰子粉　　　　　　　　　　1大匙
COCONUT POWDER

適用於法式甜塔皮，
也可用椰子絲替代。

彩色胡椒
PEPPERCORNS
1/2 大匙

適用於酥脆塔皮，也可以用乾辣椒片、
馬告替代。

櫻花蝦
SAKURA SHRIMP
1 大匙

適用於酥脆塔皮。

新鮮迷迭香
ROSEMARY
1/2 大匙

適用於法式甜塔皮、酥脆塔皮，
也可用義大利歐芹、百里香、奧勒岡替代。

乾燥義大利綜合香料
ITALIAN SEASONING
1 大匙

適用於酥脆塔皮，
也可以用單品乾燥香料替代。

乾燥洋蔥
DEHYDRATED ONION SLICES
1 大匙

適用於酥脆塔皮，也可用乾燥蒜片、
油蔥酥替代。

起司粉
CHEESE POWDER
1 大匙

適用於酥脆塔皮，也可用匈牙利紅椒粉、
肉桂粉、荳蔻粉或咖哩粉替代。

全麥粉
FULL FLOUR
100g

適用法式甜塔皮、酥脆塔皮，
胚芽含有多不飽和脂肪酸以及其他營養成分，
富含膳食纖維，營養價值高，
可取代食材中麵粉的 1/2 量。

無麩質麵粉
GLUTEN-FREE FLOUR
200g

適用法式甜塔皮、酥脆塔皮，是對麩質過敏
者的代替品，主要由豆類、堅果、穀物、馬
鈴薯澱粉或米所組成，可取代食材中麵粉的
總量。

02

加入天然顏色

如果單純只想讓塔皮有不同顏色，天然粉類素材或液體是不錯的選擇，烤出來的塔派皮成品也比較特別喔！

可可粉
COCOA POWDER

取代材料中的麵粉 20g，適用法式甜塔皮。

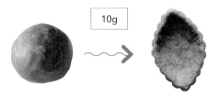

抹茶粉
MATCHA POWDER

取代材料中的麵粉 10g，適用法式甜塔皮。

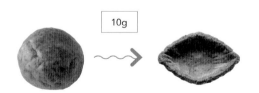

咖啡粉
COFFEE POWDER

取代材料中的麵粉 10g，適用法式甜塔皮。

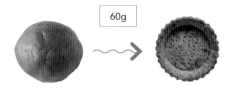

黑糖
DARK BROWN SUGAR

取代材料中的糖粉 60g，適用法式甜塔皮。

竹炭粉
BAMBOO CHARCOAL POWDER

取代材料中的麵粉15g（亦可用天然植物色粉，如紫地瓜粉、南瓜粉、甜菜根粉、紅麴粉、菠菜粉），適用法式甜塔皮、酥脆塔皮。

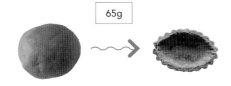

番茄汁
TOMATO JUICE

取代食材中蛋液和水的比例（亦可用天然蔬果泥，如南瓜泥、菠菜泥、甜菜根泥、胡蘿蔔汁、番茄汁），如果麵團太乾，可用適量冰水輔助成團，適用酥脆塔皮。

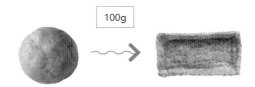

全麥粉
WHOLE WHEAT FLOUR

取代材料中的麵粉100g，適用法式甜塔皮。

BAKING TIPS

換用油品，做出無奶油塔派！

基本上，派塔皮麵團都是用奶油來操作，相較於奶油麵團的濕潤、濃郁，植物油麵團則能呈現健康的清爽風味，除了本書介紹的油品之外，也可以依自己喜好來挑選油品操作，只要用100-120ml替換掉食譜中的奶油即可。唯需注意的是，使用液體油製作的派塔皮，質地比較鬆散，在拿取及填餡時要留意，以免碎裂。

[橄欖油] 帶有清新的橄欖多酚。
[葵花油] 不飽和脂肪含量高，油質清澈。
[椰子油] 為中鏈脂肪酸（又稱月桂酸），較易被人體吸收。
[葡萄籽油] 天然抗氧化且有花青素，發煙點高，油脂清爽。

利用剩餘麵團做變化

每次做塔派時，如果有剩下的麵團，那就拿來做各種形狀、口味的脆餅吧，選用喜愛的調味做成另種點心，而且再也不必擔心剩下來的麵團該怎麼辦才好囉！

A
海鹽
+
彩色胡椒

B
義式香料
+
海鹽

FLAVOR

C
細砂糖
+
肉桂粉

D
起司粉
+
黑胡椒

E
海鹽
+
孜然
+
咖哩粉

F
黑糖
+
堅果碎

G
黑芝麻
+
白芝麻

FLAVOR

STEP by STEP
脆餅製作

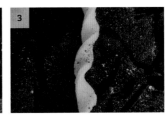

1. 將欲使用的食材撒在擀平的麵團上。如果麵團較乾，可於表面刷點水或蛋液，較好沾黏。
2. 將麵團裁切成長條狀。
3. 用指尖將麵團扭轉成棒狀。
4. 或直接切割成片形，放進預熱至180℃的烤箱，烘烤上色15分鐘至熟透。

BAKING TIPS

[免烘烤！懶人專用派塔皮]

製作鹹派不一定非要用派皮、模具去烤不可，手捏也能自創出有特色的塔皮。像是挖空後的番茄、圓茄、法國麵包、冷凍派皮、消化餅乾、餐包、吐司、可頌…等，甚至是塑形後的餛飩皮，都能變成容器，用它們做出另種風格的創意鹹派。

C

不同尺寸塔派入模與變化

01

1-4人份塔派入模

塔派有各種變化入模塑型的方式,有的工整、有的隨興,可
依個人喜好或是餡料來決定想要的樣式。

[手捏法]	[單模壓入法]

[手捏法]

1. 將麵片平鋪在塔模上,利用指尖側腹與塔模側邊及底部緊密貼合邊角,一邊旋轉模型,一邊壓合把塔皮壓緊。
2. 以刮板斜約45度角削掉多餘塔皮,再用手指按壓整型一次,讓塔皮與模型緊密結合。

[單模壓入法]

1. 將20g小麵團放入塔模中,表面撒上少許手粉,鋪上保鮮膜(亦可不鋪)。
2. 將空塔模置入模中,垂直壓平,若有多餘麵團,可用刮板裁掉。

[多模壓入法]	[6吋塔派入模法]

1. 將15g小麵團放入塔模中，表面撒上少許手粉，鋪上保鮮膜。	1. 將麵團推擀成大片圓狀。
2. 將塔模置入垂直壓平，此方式好處是作業快，但邊緣較粗獷不工整。	2. 以擀麵棍捲起派皮，鋪至派盤上，壓緊整形。
	3. 去除多餘派皮。
	4. 底部用叉子戳洞。

隨意捏！塔派邊緣這樣玩

除了小型的迷你塔派，若是做成適合多人一起吃的6吋塔派，則能用手在塔派皮邊緣做出許多變化。

[哈曼三角餅]

三邊的接合都要捏緊。

[綜合野莓塔]

將邊緣塔皮立起摺入。

[巴沙米克醋烤時蔬]

用手逐一將邊緣捏成角型。

[瑪格麗特披薩鹹派]

將邊緣處往內側壓入。

[鄉村風蘋果太陽派]

蓋上派皮,反摺變成翻轉派。

用廚房小五金做
塔派邊緣變化

如果覺得做好的塔派總是一成不變，可以用廚房小五金為塔派皮的邊緣做些變化。做造型時，按壓的力道可以稍微重一些，烤出來的花紋才會明顯；如果有多的塔皮，還能編成辮子狀（請參　？頁），讓變化更多樣！

[用湯匙]

利用湯匙前端，於塔皮上壓出花紋。

[挖球器]

利用挖球器反面，於塔皮上壓出花紋。

[用夾子]

利用夾子前端，等距於塔皮上夾壓出花紋。

[用叉子]

利用叉子前端，於塔皮上壓出線條花紋。

[用肉槌]

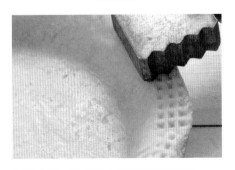

利用肉槌，於塔皮上等距按壓出花紋。

[用手指]

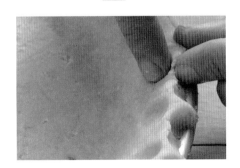

一手捏合、一手按壓的方式，於塔皮邊緣做造型。

D

基本內餡製作

CUSTARD SAUCE
卡士達醬

卡士達醬是甜點裡運用最廣、最多的餡料，甜而不膩且滑潤口感的卡士達醬總是為甜點帶來不少加分效果，濃郁的奶蛋香不僅可當成夾餡，還能夠與打發的鮮奶油、果泥拌勻做出不同口味的變化。

INGREDIENTS

牛奶	200ml
細砂糖	50g
蛋黃	2顆
玉米粉	10g
發酵奶油	20g
香草莢	1/3根

保存期限：冷藏約3天，冷凍可至1個月

STEP BY STEP

1. 將香草莢剖開取籽，連香草莢一起放入牛奶中，加熱至鍋邊冒泡。

2. 用打蛋器將蛋黃和細砂糖打至泛白，加入玉米粉充分拌勻。

3. 將步驟1的熱牛奶倒入步驟2中攪拌均勻。

4. 以濾網過濾後，倒回鍋中以小火加熱回煮，需不停攪拌至鍋裡冒泡，即可離火。

5. 利用餘溫加入奶油塊拌勻至滑順狀態。

6. 放涼後，以保鮮膜緊密貼合鋼盆，放冰箱冷藏備用。

- 卡士達醬的加熱目的是讓澱粉充分糊化，隨著加熱溫度升高，其黏稠度會持續增加，維持加熱能讓糊化澱粉產生『黏度破裂』現象，使黏稠性逐漸減少而變軟。

- 稍微打發蛋黃與糖可使體積增加、包覆力變強，拌入粉類時比較不易結塊，也更容易攪散，而沖入熱牛奶時也不易被煮熟。
- 保鮮膜貼面能防止卡士達醬表層結皮、避免造成質地不勻的現象，亦可避免濕氣在保鮮膜上結成水珠，而使卡士達醬發霉變質。

EGG MIX FOR QUICHE
蛋奶液

蛋奶液是數種食材拌在一起的液狀物，由牛奶、鮮奶油…等乳製品為主，再與雞蛋拌在一起，在烘烤前是清爽的液狀。若雞蛋比例愈高，烘烤後就會像布丁一樣Q彈；若牛奶和鮮奶油的比例愈高，烘烤後則會像法式濃湯一樣濃稠。而鹹派塔則是以雞蛋、牛奶、動物鮮奶油為主的蛋奶液，有時也會添加一些香辛料或餡料中的湯汁於蛋奶液中，以增加濃郁風味。

INGREDIENTS

雞蛋	1顆
動物鮮奶油	50g
牛奶	50g
鹽	適量
胡椒粉	適量

保存期限：請立即使用完畢

將所有材料拌勻即完成。

TIPS

- 蛋奶液的液體材料可全數使用單一食材代替，例如：牛奶、動物鮮奶油、豆漿、高湯…等，做出鹹或甜口味。
- 若使用豆漿取代鮮奶或鮮奶油，可做出較輕盈的口感。
- 調味上，可運用餡料中多餘的醬汁混合於蛋奶液中，讓整體味道更一致。
- 豆腐霜是全素者可食的蛋奶液取代品，先將嫩豆腐水分撐乾，放入調理機攪打至滑順狀態後再調味，即可取代使用。

FRANGIPANE
杏仁奶油餡

杏仁奶油餡有著類似蛋糕的濕潤口感跟堅果香，以奶油、糖粉、杏仁粉、全蛋「等比例」的配方製成，有時也會加入適量蘭姆酒增添香氣。

INGREDIENTS

發酵奶油（室溫）	100g
糖粉	100g
全蛋	2顆
杏仁粉	100g
蘭姆酒	1小匙

保存期限：冷藏3天，冷凍1個月。

STEP BY STEP

1. 將室溫回軟的奶油打成乳霜狀，加入過篩糖粉攪拌均勻。
2. 分次加入打散的蛋液，待蛋液確實吸後才加下一次。
3. 倒入杏仁粉，繼續拌勻至無粉粒狀。
4. 加入蘭姆酒拌勻至滑順狀態。

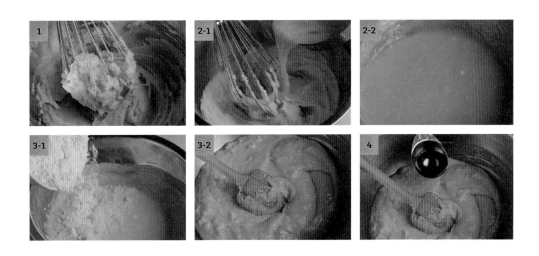

TIPS

- 請分次加入蛋液，並確實攪拌讓空氣進去。
- 因為含油量高，所以冰過的杏仁奶油餡會變硬，較易操作於烘焙上。
- 杏仁奶油餡注入塔不要太滿，因為經過烤焙後會膨脹；此外，糖油過度攪拌也會提高膨脹率，需注意。

2

TARTS

四季風味甜塔派

春夏秋冬各有不同的食材盛產,運用它們來做不同口味的甜塔派吧,再搭配上多種香草做自由組合;到了秋冬時,加入巧克力、咖啡、酒類…等食材,就能呈現出另種風情,濃郁且帶點溫暖感的口味也很討人喜歡。

春天是一年的開始，是充滿朝氣的月份，這時百花齊放、水果也開始醞釀生長，例如：草莓、葡萄、白柚、柳橙…等。做春季風味的塔派時，柑橘類與葡葡是不錯的選擇，它們帶有清爽的特質，非常適合卡士達醬或風味輕盈的乳酪餡。

到了夏天，水果種類更是多到數不盡，像是櫻桃、梅子、杏桃、李子、百香果、鳳梨、芒果、荔枝…等，而其中最常被運用到的應該就屬鳳梨和芒果了。鮮食鳳梨雖然全年都有，但每一品種好吃的季節不一，因此挑選鳳梨首先要看產期，建議依品種的產期選購當季鳳梨，其風味才會最佳。新鮮鳳梨跟芒果一樣，要挑「在欉紅」才好吃；而3至5月以台農4號及17號為主，4至5月則是台農6號和開英種；而俗稱的土鳳梨即台灣1-3號，它的酸味明顯且纖維粗，所以最適合做內餡；還有金鑽鳳梨，在台灣的栽種面績最大，酸甜可口水分多。

除了鳳梨，也不能錯過夏季芒果和荔枝，在書中也為它們設計了甜塔食譜。台灣芒果不僅清甜又多風味，品種高達數十種，每款芒果的香氣甜度各不同，肉質細緻度上也有差異。用它們製作塔派時，並不侷限一定要使用什麼品種，只要是自己喜歡的風味即可。

此外，本書中的法式洋梨塔，特意不使用進口的洋梨和市售洋梨罐，而是選用台灣的水梨來做，比方：豐水梨和新興梨都可以，越南部的水梨產季越早，通常在5月上旬開始陸續採收，而且汁多甜美，不妨多嘗試不同梨種的糖漬效果，其實做出來的塔派成品不輸給進口的洋梨喔。

用以上春季水果做塔派時，多以卡士達餡為主，但配方中加入了果泥，所以滋味既香醇又不失清爽感。除了卡士達餡，還可搭配清爽的起司，例如：瑞可達、白乳酪…等，也別有一番風味。

將檸檬卡士達和黃澄澄的
檸檬奶油餡組合在一起，
酸酸甜甜的滋味就好像初戀般微酸！

01

LEMON TART

經典法式檸檬塔

INGREDIENTS

模具：3.5吋菊花塔模 10×8.2×2.1cm

份量：8個

[法式甜塔皮]

中筋麵粉	200g
杏仁粉	30g
發酵奶油（室溫）	120g
糖粉	60g
鹽	1小撮
全蛋	30g
檸檬皮末	1顆

[檸檬奶油餡]

檸檬汁	130g
細砂糖	130g
黃檸檬皮	3顆
全蛋	3顆
室溫無鹽奶油	250g

[卡士達餡]

牛奶	200ml
細砂糖	50g
蛋黃	2顆
玉米粉	10g
發酵奶油	20g
香草莢	1/3枝

[裝飾]

檸檬皮末	適量

STEP BY STEP

[法式甜塔皮]

1. 請依16-18頁的「法式甜塔皮」作法，加入檸檬皮末並完成8個生塔皮（單個50g）。

[檸檬奶油餡]

2. 將檸檬汁加熱，至鍋邊冒泡後關火。

3. 用打蛋器將蛋液、細砂糖和檸檬皮充分拌勻。

4. 將步驟1的熱檸檬汁倒入步驟2中攪拌均勻。

5. 倒回鍋裡，以小火加熱，回煮至稠狀後關火。

6. 以濾網過濾後，利用餘溫加入奶油塊拌勻至滑順狀。

7. 放涼後，以保鮮膜緊密貼合容器，放冰箱冷藏備用。

[卡士達餡]

8. 請依49頁的「卡士達醬」作法完成餡料，備用。

[烘烤]

9. 在生塔皮上覆蓋烘焙紙或油力士紙杯。

10. 接著放入鎮石，以190℃烘烤約20分鐘後取出。

11. 拿掉烘焙紙與鎮石，刷上蛋液，掉頭烤約10分鐘。

[組裝]

12. 將檸檬奶油餡裝入擠花袋中，填入烤好的塔殼內。

13. 取1/2量的卡士達餡，與50g檸檬奶油餡混合。

14. 將步驟13的餡料填入裝有平口花嘴的擠花袋中，並於塔皮邊緣擠出小圓球。

15. 最後刨上少許檸檬皮裝飾。

BAKING TIPS

為避免塔皮吸收水分變得濕軟，可在注入檸檬餡前，先以融化的白色巧克力塗刷在塔皮內層，等待冷卻固化後再注入檸檬餡。

檸檬奶油餡就是「檸檬凝乳」，其軟硬程度與奶油多寡有關，它有著奶油冷藏後會變硬的特性。所以當奶油含量多時，檸檬奶油餡的硬度也會增加。

製作時，一定要趁餘溫放入奶油，因為常溫下混合的話，很容易造成油水分離的狀態；或可用均質機均質改善此狀況。

PASSION FRUIT & MANGO TART

仲夏百香芒果塔

把夏日正當季的芒果做成香甜芳香的塔，
融入酸酸的百香果，香氣甜蜜又爽口，
還能一口咬下大塊芒果丁。

模具：3.5 吋菊花塔模 10×8.2×2.1cm

份量：8 個

[法式甜塔皮]

中筋麵粉	200g
杏仁粉	30g
椰子油	120g
糖粉	60g
鹽	1小撮

全蛋	30g
椰子粉	1大匙

[百香果奶油餡]

百香果泥	130g
細砂糖	130g
全蛋	3顆
室溫無鹽奶油	250g

[裝飾]

藍莓	適量
百里香	點綴

STEP BY STEP

[法式甜塔皮]

1. 請依 16-18 頁的「法式甜塔皮」作法以椰子油取代奶油並完成 8 個生塔皮（單個50g）。

[百香果奶油餡]

2. 將百香果泥加熱，至鍋邊冒泡後關火。

3. 用打蛋器將蛋液、細砂糖充分拌勻。

4. 將步驟1的熱百香果泥倒入步驟2中攪拌均勻。

5. 倒回鍋裡，以小火加熱，回煮至稠狀後關火。

6. 以濾網過濾後，利用餘溫加入奶油塊拌勻至滑順狀。

7. 放涼後，以保鮮膜緊密貼合容器，放冰箱冷藏備用。

[烘烤]

8. 在生塔皮上覆蓋烘焙紙或油力士紙杯。

9. 接著放入鎮石，以190℃烘烤約20分鐘後取出。

10. 拿掉烘焙紙與鎮石，刷上蛋液，掉頭烤約10分鐘。

[組裝]

11. 將百香果奶油餡填入擠花袋，再擠入塔皮。

12. 芒果去皮切成丁狀，放在百香果奶油餡上，再刷上薄薄一層百香果奶油餡。

13. 最後以少許藍莓裝飾，即完成。

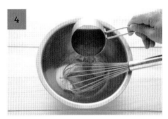

> ### BAKING TIPS
>
> 百香果和芒果果泥除了做成水果風味奶油餡外，也可取代卡士達醬中1/2的牛奶量做變化。
>
> 刷上百香果奶油餡能讓水果變亮，以取代果膠的亮面效果。

03

RICOTTA, LITCHI & ROSE TART

瑞可達荔枝玫瑰花塔

SPRING SUMMER

選用清爽的瑞可達起司做為內餡，
能襯托出酸中帶甜的荔枝果香，
而濃郁迷人的玫瑰則多了一種夢幻感。

INGREDIENTS

模具：6 吋活動菊花派盤

16×14.3×2.3cm

份量：3 個

[法式甜塔皮]

中筋麵粉	200g
杏仁粉	30g
發酵奶油（室溫）	120g
糖粉	60g
鹽	1 小撮
全蛋	30g

[玫瑰醬]

食用玫瑰花瓣	60g
細砂糖	200g
檸檬汁	30ml
水	250ml

[荔枝乳酪餡]

瑞可達起司	450g
細砂糖	50g
檸檬汁	1 小匙
檸檬	1 顆（磨末用）
荔枝肉	90g

[裝飾]

食用級乾燥玫瑰花	適量
荔枝	數顆

STEP BY STEP

[法式甜塔皮]

1. 請依 16-18 頁的「法式甜塔皮」作法完成 3 個生塔皮（單個 130g）。

[玫瑰醬]

2. 將食用級乾燥玫瑰花剪至細碎，備用。

3. 取一小鍋，倒入 250ml 水煮沸，加入砂糖煮至溶化後，加入碎花瓣。

4. 加入檸檬汁，以小火煮至花醬呈半凝固狀，熄火放涼。

[荔枝乳酪餡]

5. 用刮刀拌軟瑞可達起司，荔枝去籽並剪碎果肉，備用。

6. 加入細砂糖打發拌勻。

7. 加入檸檬汁、做好 40g 玫瑰醬攪拌均勻。

[烘烤]

8. 在生塔皮上覆蓋烘焙紙或油力士紙杯。

9. 接著放入鎮石，以190℃烘烤約10分鐘後取出。

10. 拿掉烘焙紙與鎮石，刷上蛋液，掉頭烤約10分鐘。

[組裝]

11. 將荔枝乳酪餡填入六齒花嘴的擠花袋；另剝好數顆完整荔枝果肉，備用。

12. 取出烤好的塔皮，一個個先填入煮好的玫瑰醬。

13. 再用擠花袋擠出玫瑰花紋。

14. 放上荔枝果肉，最後以乾燥玫瑰花裝飾，即完成。

BAKING TIPS

一定要選用食用級玫瑰，切勿購買一般花市的觀賞用花做裝飾使用。

也可改用其他喜愛的起司代替瑞可達起司。

鹽漬櫻花也能是裝飾塔的素材之一，
進而變化出有點日式風味的花瓣甜點，
讓櫻花氣息在唇齒間綻放開來。

04

SALTED CHERRY
BLOSSOMS &
RARE CHEESE TART
鹽漬櫻花生乳酪塔

INGREDIENTS

模具：菊花蛋塔模 7×2cm

份量：16個

[法式甜塔皮]

中筋麵粉	100g
杏仁粉	30g
全麥粉	100g
發酵奶油（室溫）	120g
糖粉	60g
鹽	1小撮
全蛋	30g

[乳酪餡]

奶油乳酪	250g
糖粉	30g
優格	50g
蜂蜜	20ml
吉利丁粉	6g
水	30g
打發動物鮮奶油	100ml

[裝飾]

鹽漬櫻花	16朵

STEP BY STEP

[法式甜塔皮]

1. 請依16-18頁的「法式甜塔皮」作法加入全麥粉並完成16個生塔皮（單個27g）。

[乳酪餡]

2. 將6g吉利丁粉與30ml水泡至膨脹，然後隔水加熱成吉利丁液，備用。

3. 用刮刀拌軟奶油乳酪，依序加入糖粉、優格、蜂蜜、吉利丁液拌勻。

4. 過篩步驟3的液體，與打發的動物鮮奶油拌勻後填入擠花袋中。

[烘烤]

5. 在生塔皮上覆蓋烘焙紙或油力士紙杯。

6. 接著放入鎮石，以190℃烘烤約20分鐘後取出。

7. 拿掉烘焙紙與鎮石，刷上蛋液，掉頭烤約10分鐘。

[組裝]

8. 將櫻花泡水去鹹味，約泡30分鐘後取出。

9. 將水倒掉，用廚房紙巾擦去水分。

10. 取出烤好的塔皮，先填入乳酪餡。

11. 放上櫻花裝飾，即完成。

05

ORANGE &
GRAPEFRUIT TART

香橙葡萄柚塔

葡萄柚的酸中帶微苦與柳橙迷人的鮮甜，
因為卡士達醬的介入，
而將兩者平衡地恰到好處。

INGREDIENTS

模具：菊花蛋塔模 7×2cm

份量：16個

[法式甜塔皮]

中筋麵粉	200g
杏仁粉	30g
發酵奶油（室溫）	120g
糖粉	60g
鹽	1小撮
全蛋	30g
糖漬橙皮	2大匙

[柳橙卡士達]

牛奶	100ml
柳橙汁	100ml
細砂糖	50g
蛋黃	2顆
玉米粉	10g
發酵奶油	20g
柳橙皮末	1顆

[裝飾]

紅肉葡萄袖	3顆
香吉士	5顆
柳橙皮	適量
開心果仁	適量

STEP BY STEP

[法式甜塔皮]

1. 請依16-18頁的「法式甜塔皮」作法，加入切碎糖漬橙皮並完成16個生塔皮（單個27g）。

[柳橙卡士達]

2. 將牛奶、柳橙汁加熱，至鍋邊冒泡後關火。

3. 用打蛋器將蛋黃、細砂糖打至泛白，加入玉米粉、柳橙皮充分拌勻。

4. 將柳橙牛奶倒入步驟3中攪拌均勻。

5. 以濾網過濾後，倒回鍋中加熱回煮，需不停攪拌至鍋裡冒泡，即可離火。

6. 利用餘溫加入奶油塊拌勻至滑順狀。

7. 放涼後，以保鮮膜緊密貼合容器，放入冰箱冷藏備用。

[烘烤]

8. 在生塔皮上覆蓋烘焙紙或油力士紙杯。

9. 接著放入鎮石，以190℃烘烤約10分鐘後取出。

10. 拿掉烘焙紙與鎮石，刷上蛋液，掉頭烤約10分鐘。

[組裝]

11. 將冷卻的柳橙卡士達醬裝入擠花袋中。

12. 將葡萄柚、柳橙去皮去膜取下果肉；柳橙皮刨成細長絲備用。

13. 取烤好的塔殼，擠入適量柳橙卡士達醬。

14. 擺上葡萄柚、柳橙果肉，最後以柳橙皮絲和開心果裝飾，即完成。

BAKING TIPS

塔皮材料中的糖漬橙皮，也可以改為刨入新鮮柳橙皮取代。

SPICES & SUGAR STAINS
PEAR TART

香料糖漬水梨塔

將飽滿多汁的甜水梨和
香濃杏仁奶油餡搭配在一起
再應用綠荳蔻的特殊氣息提味
形成絕妙美味樂章。

模具：3.5吋菊花塔模 10×8.2×2.1mm

份量：8個

[法式甜塔皮]

中筋麵粉	200g
杏仁粉	30g
發酵奶油（室溫）	120g
糖粉	60g
鹽	1小撮
全蛋	30g

[杏仁奶油餡]

發酵奶油（室溫）	100g
糖粉	100g
全蛋	2顆
杏仁粉	100g
蘭姆酒	1小匙

[糖漬水梨]

香草莢	1/2根
水梨	1顆
細砂糖	125g
水	300g
綠荳蔻	2顆

[裝飾]

杏仁片	適量
杏桃果膠	適量
防潮糖粉	適量

STEP BY STEP

[法式甜塔皮]

1. 請依16-18頁的「法式甜塔皮」作法完成8個生塔皮（單個50g）。

[杏仁奶油餡]

2. 請依51頁的「杏仁奶油餡」作法完成餡料。

[糖漬水梨]

3. 將香草莢剖開、刮下籽，與細砂糖、水、已取籽的綠荳蔻（見圖示）一同煮滾。

4. 水梨去皮去芯並切成薄片狀，放入步驟3一起煮。

5. 以小火煮至用刀鋒可輕易插入的軟度，即可關火冷卻。

[烘烤]

6. 在生塔皮上覆蓋烘焙紙或油力士紙杯。

7. 接著放入鎮石，以190℃烘烤約20分鐘後取出。

8. 拿掉烘焙紙與鎮石，刷上蛋液，掉頭烤約5分鐘，待涼。

9. 填入杏仁奶油餡，約8分滿。

10. 洋梨切成薄片狀，以扇形方式擺入塔中。

11. 在塔殼邊緣處撒上碎杏仁片。

12. 烤箱預熱至190℃，烘烤約25分鐘至上色後取出。

13. 出爐後，於塔殼邊緣輕撒上防潮糖粉。

14. 如果希望成品顏色更明顯，可稍微用火槍噴一下水梨。

15. 最後於水梨表面刷上杏桃果膠，即完成。

BAKING TIPS

出爐後可趁熱淋上水梨糖液，讓口感更香甜溼潤。

加少許熱水調勻杏桃果膠，可用來刷在水果表面，以增加亮澤度。

BERRIES TART
森林裡的綜合莓塔

以香料糖漬酸甜多汁的莓果餡，
咀嚼中有著「咔滋」的爽脆糖粒口感！
而手捏塔皮的樣式很自由隨興，
可以加自己的玩心進去。

模具：**手捏塔皮**
份量：**4個**

[手捏塔皮]

中筋麵粉	200g
杏仁粉	30g
發酵奶油（室溫）	120g
糖粉	60g
鹽	1小撮
全蛋	30g

[莓果餡]

綜合野莓	250g
細砂糖	40g
檸檬汁	10ml
玉米粉	5g
肉桂粉	1茶匙

[裝飾]

全蛋液	1顆
特砂糖	適量

[手捏塔皮]

1. 請依16-18頁的「法式甜塔皮」作法，手捏完成4個生塔皮（單個110g）。

[烘烤]

2. 將莓果餡材料全部混合均勻。
3. 將莓果餡填在生塔皮上。
4. 將邊緣的塔皮立起、往內摺。
5. 於表面刷上蛋液、撒上特砂糖。
6. 烤箱預熱至190℃，進烤箱烤約25分鐘至上色後取出。

08

CHERRY &
PISTACHIO TART
紅櫻桃寶石開心果塔

紅櫻桃有如紅寶石般璀璨，再以綠色的開心果碎點綴，
形成紅綠非常吸睛的對比，不想煮醬時就做這道塔吧。

INGREDIENTS

模具：長型菊花模　6×11×2cm

份量：6個

[法式甜塔皮]

中筋麵粉	200g
杏仁粉	30g
發酵奶油（室溫）	120g
糖粉	60g
鹽	1小撮
全蛋	30g

[杏仁奶油餡]

發酵奶油（室溫）	100g

糖粉	100g
全蛋	2顆
杏仁粉	100g
蘭姆酒	1小匙

[卡士達餡]

牛奶	100ml
細砂糖	25g
蛋黃	1顆
玉米粉	5g
發酵奶油	10g

[裝飾]

開心果仁	適量
市售櫻桃派餡	200g

STEP BY STEP

[法式甜塔皮]

1. 請依16-18頁的「法式甜塔皮」作法完成6個生塔皮（單個70g）。

[杏仁奶油餡]

2. 請依51頁的「杏仁奶油餡」作法完成餡料。

[卡士達餡]

3. 請依49頁的「卡士達醬」作法完成餡料，備用。

[烘烤]

4. 在生塔皮上覆蓋烘焙紙或油力士紙杯。

5. 接著放入鎮石，以190℃烘烤約20分鐘後取出。

6. 拿掉烘焙紙與鎮石，刷上蛋液，掉頭烤約5分鐘，待涼。

7. 將杏仁奶油餡與卡士達餡充分混合後，填入擠花袋中。

8. 取出烤好的塔皮，填入卡士達杏仁奶油餡，約8分滿。

9. 烤箱預熱至190℃，進烤箱烤約25分鐘至上色後取出。

10. 出爐後待涼，再填入紅櫻桃派餡、撒上開心果仁，即完成。

09

BLUEBERRY CRUMBLE TART

英式奶酥藍莓塔

脆頂鬆鬆地鋪撒在甜塔派上，
是英國常見的傳統甜點。
除了用藍莓，可選擇不同新鮮水果做效果呈現。

模具：3.5吋菊花塔模

10×8.2×2.1mm

份量：8個

[法式甜塔皮]

中筋麵粉	200g
杏仁粉	30g
發酵奶油（室溫）	120g
糖粉	60g
鹽	1小撮
全蛋	30g

[杏仁奶油餡]

發酵奶油（室溫）	100g
糖粉	100g
全蛋	2顆
杏仁粉	100g
蘭姆酒	1小匙

[奶酥粒]

中筋麵粉	100g
發酵奶油	50g
二砂糖	60g

[裝飾]

新鮮藍莓	適量

[法式甜塔皮]

1. 請依16-18頁的「法式甜塔皮」作法完成8個生塔皮（單個50g）。

[杏仁奶油餡]

2. 請依51頁的「杏仁奶油餡」作法完成餡料。

[奶酥粒]

3. 將所有材料用手拌勻成沙礫狀。

[烘烤]

4. 在生塔皮上覆蓋烘焙紙或油力士紙杯。

5. 接著放入鎮石，以190℃烘烤約20分鐘後取出。

6. 拿掉烘焙紙與鎮石，刷上蛋液，掉頭烤約5分鐘，待涼。

7. 取出塔皮，填入杏仁奶油餡，約8分滿。

8. 以散落方式放上藍莓粒。

9. 均勻地撒上奶酥粒。

10. 烤箱預熱至 190℃，進烤箱烤約25分鐘至上色後取出即完成。

APPLE TART SOLEIL
鄉村風蘋果太陽派

翻轉派有著放射狀的美麗花紋、
外型像向日葵般可愛，
它在法國被稱作「soleil」，
酥脆層次中帶著蘋果酸甜。

模具：圓形模 10cm

份量：6 個

冷水	100ml
發酵奶油（冰）	110g

[油酥塔皮]

中筋麵粉	180g
鹽	2g
發酵奶油（室溫）	20g

[焦糖蘋果餡]

細砂糖	120g
檸檬汁	2大匙
蘋果	4顆
全蛋	1顆（塗邊用）

[油酥塔皮]

1. 請依27-28頁的「油酥塔皮」作法完成派皮，擀平後裁成片狀，冷凍備用。

[焦糖蘋果餡]

2. 將蘋果去皮並切成丁狀，與檸檬汁拌勻，備用。
3. 將細砂糖放入平底鍋中，以小火煮至融化。
4. 放入蘋果丁拌炒至略收汁後關火。

[烘烤]

5. 取出冷凍已裁切好的派皮。
6. 用圓形模壓出10cm的圓片。
7. 用刷子沾取蛋液塗在派皮邊緣。
8. 將炒好的蘋果餡填入烤模內。
9. 蓋上派皮。

10. 用叉子在派皮四周壓邊固定，再刷上蛋液。
11. 放上花嘴，以此為中心，切成12等份。
12. 每一片都用手指往相同方向扭轉2次。
13. 烤箱預熱至190℃，進烤箱烤約20分鐘至表面金黃後取出。

BAKING TIPS

如果派皮太軟不好操作，可放冷凍冰3分鐘後再使用；而如果冰太硬的話，在扭轉時則容易被折斷。

若不想浪費派皮，可直接使用裁切好的方形派皮操作，尺寸大小可以自行斟酌，可預先做好派皮擀成片狀再冷凍備用。

ROSEMARY & PINEAPPLE
TARTE TATIN

反轉迷迭香鳳梨塔

將新鮮迷迭香仔細揉入麵團中
讓烤出來的塔皮有香草氣息，
佐上酸酸甜甜的鳳梨與紅醋栗，
果香立刻散發口中。

模具：6吋固定派模

份量：3個

[迷迭香法式甜塔皮]

中筋麵粉	200g
杏仁粉	30g
發酵奶油（室溫）	120g
糖粉	60g
鹽	1小撮
全蛋	30g
新鮮迷迭香	1/2大匙

[焦糖鳳梨餡]

鳳梨片	1000g
檸檬汁	20ml
二砂糖	150g
發酵奶油	40g
蘭姆酒	1大匙
紅醋栗	適量

[法式甜塔皮]

1. 請依16-18頁的「法式甜塔皮」作法，加入切碎的迷迭香並完成3個生塔皮（單個130g）。

[鳳梨餡]

2. 將鳳梨片切成8等份。在平底鍋中先煮融奶油後加入二糖、蘭姆酒稍微拌炒，放鳳梨片入鍋，以中火慢煎至表面略焦，放涼備用。

[烘烤]

3. 在塔模內放入煮好的鳳梨塊。
4. 分散放上紅醋栗點綴。
5. 接著放上迷迭香塔皮。
6. 用手將生派塔皮邊緣向內收緊。
7. 烤箱預熱至190℃，烘烤約30分鐘後取出倒扣即可。

BAKING TIPS

將鳳梨餡收汁時，注意爐火避免燒焦。

建議選用固定底模的烤模操作，避免糖漿烘烤時會從底部溢出。

HAMANTASCHEN COOKIES
哈曼果醬三角派餅

這道派餅是猶太人著名的普珥節代表點心，餡料很自由，
可以填入各種你喜歡的口味做變化，而且製作很簡單。

模具：7cm手捏塔皮

份量：8個

[法式甜塔皮]

中筋麵粉	200g
杏仁粉	30g
發酵奶油（室溫）	120g
糖粉	60g
鹽	1小撮
全蛋	30g

[裝飾]

草莓果醬	適量
藍莓果醬	適量
糖粉	適量
蛋液	適量

STEP BY STEP

[法式甜塔皮]

1. 請依16-18頁的「法式甜塔皮」作法完成8個生塔皮（單個55g）。

[烘烤]

2. 將麵團擀成2mm厚度，壓成圓片狀，分別填入不同果醬。

3. 用手捏成三角狀，三邊都要捏緊。

4. 在塔皮四周塗上蛋液。

5. 烤箱預熱至190℃，烘烤約20分鐘至上色，趁熱撒上糖粉，即完成。

BAKING TIPS

記得塔皮三邊的接合都要捏緊，以免烘烤時爆開。

可將三角派餅連同烤盤一起放冰箱冷凍15分鐘，以幫助麵團定型，之後再烘烤。

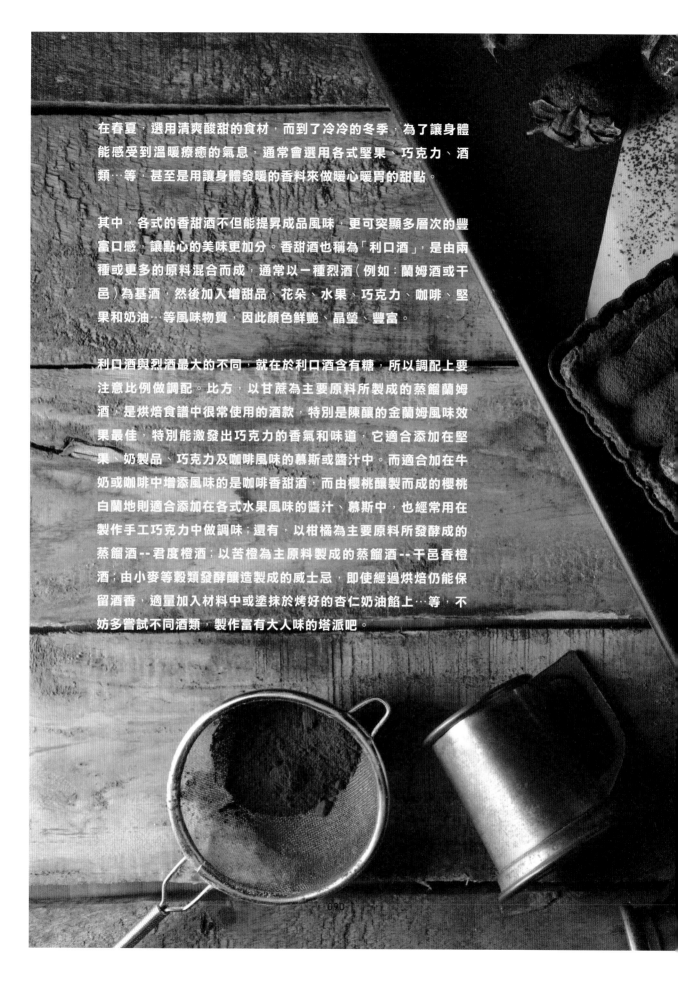

在春夏，選用清爽酸甜的食材，而到了冷冷的冬季，為了讓身體能感受到溫暖療癒的氣息，通常會選用各式堅果、巧克力、酒類…等，甚至是用讓身體發暖的香料來做暖心暖胃的甜點。

其中，各式的香甜酒不但能提昇成品風味，更可突顯多層次的豐富口感，讓點心的美味更加分。香甜酒也稱為「利口酒」，是由兩種或更多的原料混合而成，通常以一種烈酒（例如：蘭姆酒或干邑）為基酒，然後加入增甜品、花朵、水果、巧克力、咖啡、堅果和奶油…等風味物質，因此顏色鮮艷、晶瑩、豐富。

利口酒與烈酒最大的不同，就在於利口酒含有糖，所以調配上要注意比例做調配。比方，以甘蔗為主要原料所製成的蒸餾蘭姆酒，是烘焙食譜中很常使用的酒款，特別是陳釀的金蘭姆風味效果最佳，特別能激發出巧克力的香氣和味道，它適合添加在堅果、奶製品、巧克力及咖啡風味的慕斯或醬汁中。而適合加在牛奶或咖啡中增添風味的是咖啡香甜酒，而由櫻桃釀製而成的櫻桃白蘭地則適合添加在各式水果風味的醬汁、慕斯中，也經常用在製作手工巧克力中做調味；還有，以柑橘為主要原料所發酵成的蒸餾酒--君度橙酒；以苦橙為主原料製成的蒸餾酒--干邑香橙酒；由小麥等穀類發酵釀造製成的威士忌，即使經過烘焙仍能保留酒香，適量加入材料中或塗抹於烤好的杏仁奶油餡上…等，不妨多嘗試不同酒類，製作富有大人味的塔派吧。

EARL GREY TEA & RAW CHOCOLATE TART

伯爵茶生巧克力塔

在白巧克力中放入伯爵茶香，
讓伯爵茶特殊的香氣在嘴裡繚繞，
兩者一起融化在舌尖上，讓人愛不釋口。

INGREDIENTS

模具：8吋活動菊花派盤

20×18.1×2.6cm

份量：2個

[法式可可甜塔皮]

中筋麵粉	185g
杏仁粉	30g
可可粉	15g
發酵奶油（室溫）	120g
糖粉	60g
鹽	1小撮
全蛋	30g

[伯爵茶甘納許]

伯爵茶包	4包
動物性鮮奶油	350g
白巧克力	300g
無鹽奶油	30g

[裝飾]

黑莓	適量
草莓	適量
藍莓	適量
覆盆子	適量
薄荷葉	適量

STEP BY STEP

[法式甜塔皮]

1. 請依16-18頁的「法式甜塔皮」作法，加入可可粉並完成2個生塔皮（單個180g）。

[伯爵甘納許]

2. 在小鍋中倒入動物性鮮奶油煮沸，加入茶包加蓋燜15分鐘，取出茶包。
3. 繼續加熱至微沸，加入白巧克力拌至融化。
4. 利用餘溫，倒入無鹽奶油一起拌勻成白巧克力伯爵茶甘納許。

[烘烤]

5. 在生塔皮上覆蓋烘焙紙。

6. 接著放入鎮石，以190℃烘烤約
   20分鐘後取出。

7. 拿掉烘焙紙與鎮石，刷上蛋液，
   掉頭烤約10分鐘，待涼。

8. 取出烤好的塔殼，倒入伯爵茶甘
   納許。

9. 以水果裝飾，放冰箱冷藏定型即
   完成。

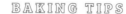

BAKING TIPS

甘納許最常用來當成內餡使用，
不同％數比例的巧克力含糖量皆
不同，其中以白巧克力的含糖量
為最高。

動物鮮奶油是影響巧克力餡軟硬
的關鍵，動物性奶油量越多，則
巧克力餡越軟。

13

COTTON CANDY WALNUT & BANANA TART

軟呼呼棉花糖胡桃香蕉塔

軟軟的白色棉花糖是很討喜的裝飾素材，
與甜甜的香蕉組合在一起，
Q軟綿香一口就能嚐到。

INGREDIENTS

模具：手捏8吋
份量：2個

[法式甜塔皮]

中筋麵粉	200g
杏仁粉	30g
發酵奶油（室溫）	120g
糖粉	60g
鹽	1小撮
全蛋	30g

[杏仁奶油餡]

發酵奶油（室溫）	150g
糖粉	150g
全蛋	3顆
杏仁粉	150g
蘭姆酒	1小匙

[裝飾]

胡桃	適量
香蕉	3根
棉花糖	適量
黑巧克力	適量

STEP BY STEP

[法式甜塔皮]

1. 請依16-18頁的「法式甜塔皮」作法完成塔皮，將麵團分成2份。將麵團分別擀成2mm厚度的麵片，將邊緣處往內側壓入，放冰箱冷藏備用。

[杏仁奶油餡]

2. 請依51頁的「杏仁奶油餡」作法完成餡料。

[烘烤與組裝]

3. 取出塔皮，擠入杏仁奶油餡，於外圍擺上胡桃。

4. 烤箱預熱至190℃，烘烤約25分鐘至金黃後取出，放涼備用。

5. 香蕉去皮切片，放在烤好的塔上，並擺上棉花糖（可另以噴槍於棉花糖表面稍微噴烤上色）。

6. 黑巧克力隔水加熱後，填入擠花袋中。

7. 隨意以黑巧克力在塔上擠出線條裝飾即完成。

14

GINGER, SPICES & PUMPKIN TART

暖薑香料南瓜塔

南瓜是秋季的當令食材，
富含豐富維生素 A 和纖維素，
把南瓜和能暖身的薑粉、肉荳蔻、
肉桂一起做成有點異國風味的甜內餡。

INGREDIENTS

模具：8吋固定派盤

20.3×16.1×2.8cm

份量：1個

[竹炭法式甜塔皮]

中筋麵粉	185g
杏仁粉	30g
發酵奶油（室溫）	120g
竹炭粉	15g
糖粉	60g
鹽	1小撮
全蛋	30g

[杏仁奶油餡]

發酵奶油（室溫）	50g
糖粉	50g
全蛋	1顆
杏仁粉	50g
蘭姆酒	1小匙

[香料南瓜餡]

南瓜	500g
細砂糖	30g
全蛋	2顆
鮮奶油	50g
肉桂粉	1小匙
肉荳蔻	1/2小匙
薑粉	1/2小匙
蘭姆酒	1小匙

STEP BY STEP

[法式甜塔皮]

1. 請依16-18頁的「法式甜塔皮」作法加入竹炭粉完成生塔皮，將麵團擀成2mm厚度的麵片，用手指在邊緣做出造型，放冰箱冷藏備用。

[杏仁奶油餡]

2. 請依51頁的「杏仁奶油餡」作法完成餡料。

[香料南瓜餡]

3. 切下一部分南瓜，帶皮切成薄片，取用約100g。

4. 剩下的南瓜去皮後切大塊，放電鍋蒸熟後壓成泥狀。

5. 趁熱在南瓜泥的大碗中加入糖、肉桂粉、肉荳蔻粉、薑粉拌勻。
6. 依序加入蛋液、鮮奶油、蘭姆酒拌勻。
7. 加入杏仁奶油餡,一同混拌成南瓜杏仁奶油餡。
8. 在生塔皮裡填入南瓜杏仁奶油餡,約8分滿。
9. 擺上切好的南瓜薄片。
10. 烤箱預熱至190℃,烘烤約30分鐘至上色後取出。

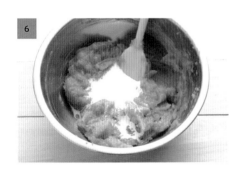

15

SHIRATAMA, MATCHA & RED BEANS TART

小巧白玉抹茶紅豆塔

柔潤的日式抹茶、微甜紅豆與白玉丸子，
三者的組合很有日式風情！
一般會以卡士達或白巧克力甘納許與抹茶做成內餡，
可依個人喜好選擇其他內餡裝填。

INGREDIENTS

模具：船形塔模 11.5×6×2cm

份量：12個

[法式甜塔皮]

中筋麵粉	200g
杏仁粉	30g
發酵奶油（室溫）	120g
糖粉	60g
鹽	1小撮
全蛋	30g

[抹茶卡士達]

牛奶	300ml
細砂糖	75g
蛋黃	3顆
玉米粉	15g
抹茶粉	15g
發酵奶油（室溫）	30g
香草莢	1/2枝
打發鮮奶油	100g

[白玉丸子]

糯米粉	30g
水	25-30ml

[裝飾]

紅豆粒	200g

STEP BY STEP

[法式甜塔皮]

1. 請依16-18頁的「法式甜塔皮」作法完成12個生塔皮（單個35g）。

[烘烤]

2. 在生塔皮上覆蓋烘焙紙或油力士紙杯。
3. 接著放入鎮石，以 190℃烘烤約20分鐘後取出。
4. 拿掉烘焙紙與鎮石，刷上蛋液，掉頭烤約 10 分鐘，待涼。

[抹茶卡士達餡]

5. 請依49頁的「卡士達醬」作法，加入抹茶粉完成餡料。

[白玉丸子]

6. 取一鋼盆，倒入糯米粉，分次加入水，慢慢揉捏直到粉類不沾手和鋼盆，成團即可。
7. 將糯米團捏成一個個小球。
8. 放入滾水鍋中，煮約1分半到2分鐘，待浮起後撈出備用。

[組裝]

9. 將抹茶卡士達先打軟後,與打發鮮奶油混勻,然後填入裝有花嘴的擠花袋中。

10. 在烤好的塔殼中填入紅豆餡,再放上白玉丸子。

11. 擠上抹茶卡士達,最後以紅豆粒裝飾。

BAKING TIPS

亦可省略白玉丸子的製作,購買市售的麻糬取代。

16

SWEET POTATOES MONT BLANC TART
紫黃雙藷蒙布朗塔

在秋冬的季節，正是地瓜甘藷好吃的時候，
將它們天然的豔麗色彩納進甜點裡，
做成暖心也暖胃的甜點。

模具：船型塔模 11.5×6×2cm

份量：12個

[黑糖法式甜塔皮]

中筋麵粉	200g
杏仁粉	30g
發酵奶油（室溫）	120g
黑糖粉	60g
鹽	1 小撮
蛋	30g

[紫黃雙藷餡]

紫地瓜	4 條
全脂牛奶	100ml
無鹽奶油	20g
糖粉	20g
黃地瓜	4 條
全脂牛奶	100ml
無鹽奶油	20g
糖粉	20g

[裝飾]

甘栗	12 顆
防潮糖粉	適量

[法式甜塔皮]

1. 請依 16-18 頁的「法式甜塔皮」作法，以黑糖取代糖粉完成 12 個生塔皮（單個 35g）。

[烘烤]

2. 在生塔皮上覆蓋烘焙紙或油力士紙杯。

3. 接著放入鎮石，以190℃烘烤約 20 分鐘後取出。

4. 拿掉烘焙紙與鎮石，刷上蛋液，掉頭烤約 10 分鐘，待涼。

[紫黃雙藷餡]

5. 將黃、紫地瓜都去皮切塊，放電鍋蒸熟。

6. 分別趁熱壓成泥狀，加入奶油、糖、牛奶拌勻後，皆過篩成細緻質地。

7. 將紫地瓜餡填入裝有蒙布朗花嘴的擠花袋，備用。

[組裝]

8. 在烤好的塔殼中，填入黃地瓜餡成小山狀，用抹刀修整表面。

9. 以來回交叉的方式擠入紫地瓜餡。

10. 最後放上栗子，撒上防潮糖粉做裝飾。

顏色與外型都可愛的覆盆子，
讓巧克力不再只有單調苦味，
在苦甜融合間還多了份刺激味蕾的果酸。

17

RASPBERRY &
CHOCOLATE TART

覆盆子巧克力塔

模具：長型菊花模 10×24×2.5cm

份量：2個

[法式甜塔皮]

中筋麵粉	200g
杏仁粉	30g
發酵奶油（室溫）	120g
糖粉	60g
鹽	1小撮
全蛋	30g

[覆盆子巧克力甘納許]

動物鮮奶油	300g
覆盆子果泥	100g
70% 黑巧克力	400g
無鹽奶油	30g

[組裝]

覆盆子	適量
藍莓	適量
覆盆子乾燥碎粒	適量
巧克力屑	適量

STEP BY STEP

[法式甜塔皮]

1. 請依 16-18 頁的「法式甜塔皮」作法完成 2 個生塔皮（單個 200g）。

[烘烤]

2. 在生塔皮上覆蓋烘焙紙或油力士紙杯。
3. 接著放入鎮石，以 190℃烘烤約 20 分鐘後取出。
4. 拿掉烘焙紙與鎮石，刷上蛋液，掉頭烤約 10 分鐘，待涼。

[覆盆子巧克力甘納許]

5. 將動物鮮奶油與覆盆子果泥倒入鍋中，一同煮沸後關火。
6. 倒入巧克力，拌至融化無結塊。
7. 趁有餘溫時，加入奶油拌勻。

[組裝]

8. 取出烤好的塔殼，先放上幾顆覆盆子。
9. 填入覆盆子巧克力甘納許。
10. 最後放上水果及巧克力屑裝飾。

BAKING TIPS

建議用均質機打勻甘納許，質地就能更加細緻光滑，效果會更好。

18

STRAWBERRY TIRAMISU TART

草莓提拉米蘇塔

「帶我走吧！」這道濃情蜜意的甜點，
有著入口即化的濕潤口感，
還有草莓與藍莓的果香交織，
與咖啡酒的迷人香氣。

模具：正方形菊花模 21×21×2.5cm

份量：1個

[法式甜塔皮]

中筋麵粉	200g
杏仁粉	30g
發酵奶油（室溫）	120g
糖粉	60g
鹽	1小撮
蛋	30g

[咖啡杏仁奶油餡]

發酵奶油（室溫）	100g
糖粉	100g
全蛋	2顆
杏仁粉	100g
即溶咖啡粉	3g

[卡士達餡]

牛奶	100ml
細砂糖	25g
蛋黃	1顆
玉米粉	5g
發酵奶油	10g
香草莢醬	1小匙

[咖啡酒乳酪餡]

馬斯卡彭起司	250g
細砂糖	20g
卡魯哇咖啡酒	10ml
動物鮮奶油	100ml

[裝飾]

草莓、藍莓、薄荷葉	適量
防潮可可粉	適量

STEP BY STEP

[法式甜塔皮]

1. 請依16-18頁的「法式甜塔皮」作法完成1個生塔皮。

[烘烤]

2. 在生塔皮上覆蓋烘焙紙或油力士紙杯。

3. 接著放入鎮石，以 190℃烘烤約20分鐘後取出。

4. 拿掉烘焙紙與鎮石，刷上蛋液，掉頭烤約10分鐘，待涼。

[咖啡杏仁奶油餡]

5. 將奶油打軟成乳霜狀，加入細砂糖攪拌均勻。

6. 分次加入打散的蛋液，拌勻至蛋液完全吸收。

7. 倒入杏仁粉和咖啡粉，繼續拌勻至無粉粒狀。

[卡士達餡]

8. 請依 49 頁的「卡士達醬」作法完成餡料，備用。

[組裝]

9. 取出烤好的塔殼，填入咖啡杏仁奶油餡。

10. 烤箱預熱至 190℃，烘烤約 25 分鐘至上色後取出，待涼。

11. 將馬斯卡彭起司與細砂糖打發。

12. 加入咖啡酒、打發鮮奶油拌勻。

13. 與卡士達醬混拌後，填入裝有花嘴的擠花袋中。

14. 在步驟 8 的塔上擠內餡，撒上防潮可可粉。

15. 最後放上草莓、藍莓裝飾即完成。

> ### BAKING TIPS
>
> 正統的提拉米蘇是用馬斯卡彭起司（Mascarpone cheese）來製作，但亦可依個人喜好更換不同風味的奶油乳酪來做。

溫熱口感的克拉芙緹是經典的法式熱甜點
口感介於布丁與蛋糕之間;
而酒漬過的櫻桃予人熱呼呼的暖暖感受。

19

CLAFOUTIS TART
酒漬櫻桃克拉芙提塔

鹽	1 小撮
全蛋	30g

模具：8 吋固定派盤

20.3×16.1×2.8cm

份量：1個

[蛋奶餡]

全蛋	2 顆
細砂糖	30g
牛奶	100ml
動物鮮奶油	60ml
香草莢醬	1/2 小匙
櫻桃酒	5g
酒漬櫻桃	1/2 罐

[法式甜塔皮]

中筋麵粉	200g
杏仁粉	30g
發酵奶油（室溫）	120g
糖粉	60g

STEP BY STEP

[法式甜塔皮]

1. 請依 16-18 頁的「法式甜塔皮」作法完成塔皮，再用湯匙在派皮邊緣做出弧形壓痕。

[蛋奶餡]

2. 將雞蛋和香草莢醬、砂糖打至泛白。
3. 牛奶與動物鮮奶油倒入鍋中加熱至周圍冒泡，沖入步驟 2 的蛋黃鍋內拌勻。
4. 加入酒類拌勻。

[烘烤]

5. 在生塔皮上覆蓋烘焙紙。

6. 接著放入鎮石，以 190℃ 烘烤約 20 分鐘後取出。
7. 拿掉烘焙紙與鎮石，刷上蛋液，掉頭烤約 10 分鐘，待涼。
8. 取出烤好的塔殼，先放入櫻桃粒，再倒入蛋奶液。
9. 烤箱預熱至 190℃，烘烤約 30 分鐘至熟透後取出。

> **BAKING TIPS**
>
> 此道塔派所使用的水果不一定要用櫻桃，各種時令水果（例如覆盆子、草莓等莓果類）皆可以替換使用。

20

COGNAC &
CREAM CHEESE TART
干邑酒香黃金乳酪塔

使用酒類來做秋冬風味的甜塔吧！
法國陳年干邑是白蘭地的一種，
它能讓乳酪內餡更有層次感，
是帶點成熟的口味。

INGREDIENTS

模具：菊花蛋塔模 7×2cm

份量：16個

[法式甜塔皮]

中筋麵粉	200g
杏仁粉	30g
發酵奶油（室溫）	120g
糖粉	60g
鹽	1小撮
蛋	30g

[干邑酒乳酪餡]

玉米粉	10g
細砂糖	30g
蛋黃	2顆
動物鮮奶油	30ml
牛奶	300ml
發酵奶油	20g
奶油乳酪	200g
干邑酒	10g
檸檬汁	10g
蛋液	（份量外）

STEP BY STEP

[法式甜塔皮]

1. 請依 16-18 頁的「法式甜塔皮」作法完成 16 個生塔皮（單個 27g）。

[干邑酒乳酪餡]

2. 奶油乳酪與奶油分別放室溫下回軟。
3. 將玉米粉、蛋黃、鮮奶油、砂糖拌勻。
4. 倒牛奶入鍋中煮沸，沖入步驟 3 的鍋中攪拌，回煮至稠狀。

5. 加入軟化的奶油、干邑酒、檸檬汁拌勻。

6. 將奶油乳酪拌軟,加入步驟5中拌勻成干邑酒乳酪餡。

7. 倒入生塔皮中,表面刷上蛋液。

8. 烤箱預熱至180℃,烘烤約30分鐘至熟透後取出。

BAKING TIPS

也可先將塔皮盲烤後,再填餡烘烤;乳酪餡內也可加入泡過酒的果乾,以增加濃郁風味。

混合好的乳酪餡如有顆粒的現象,建議過篩後再填餡使用,口感才會細緻。

21

CARAMEL & NUTS TART
太妃焦糖綜合堅果塔

WINTER

太妃焦糖總是讓人停不了口，
搭配上不同種類的堅果，
增添香氣也多了豐富的口感。

模具：長型菊花模 6×11×2cm

份量：6個

[法式甜塔皮]

中筋麵粉	200g
杏仁粉	30g
發酵奶油（室溫）	120g
糖粉	60g
鹽	1小撮

全蛋	30g

[焦糖餡]

無鹽奶油	180g
二砂糖	180g
鹽	3g
動物鮮奶油	100ml
蜂蜜	45g
綜合堅果（腰果、杏仁果、南瓜子、夏威夷果）	600g

STEP BY STEP

[法式甜塔皮]

1. 請依16-18頁的「法式甜塔皮」作法完成6個生塔皮（單個70g）。

[烘烤]

2. 在生塔皮上覆蓋烘焙紙或油力士紙杯。

3. 接著放入鎮石，以190℃烘烤約20分鐘後取出。

4. 拿掉烘焙紙與鎮石，刷上蛋液，掉頭烤約10分鐘，待涼。

[焦糖堅果餡]

5. 堅果鋪排在烤盤上、進烤箱，以130℃烘烤10分鐘後取出。

6. 除了堅果之外的食材，全放入鍋內煮至沸騰。

7. 轉小火，加熱至顏色呈現焦糖牛奶色。

8. 倒入烤好的堅果拌勻，讓每顆堅果都沾上焦糖。

9. 取出烤好的塔殼，填入焦糖堅果約8分滿。

10. 烤箱預熱至180℃，烘烤約15-20分鐘後取出。

「占度亞」是指加了榛果的巧克力，
也就是大家所熟悉的金莎巧克力的味道，
濃濃的巧克力香讓人充滿幸福感。

22

MOCHA & HAZELNUT CHOCOLATE TART

摩卡風味占度亞塔

模具：三角菊花模 7.6×7.4×1.9cm

份量：10個

[咖啡法式甜塔皮]

中筋麵粉	190g
杏仁粉	30g
咖啡粉	10g
發酵奶油（室溫）	120g
糖粉	60g
鹽	1小撮
蛋	30g

[掛霜榛果]

榛果	150g
細砂糖	50g

水	1大匙

[占度亞巧克力甘納許]

動物鮮奶油	150ml
70% 黑巧克力	150g
榛果醬	15g
奶油（室溫）	30g

[咖啡香緹鮮奶油]

即溶咖啡粉	10g
動物性鮮奶油	220ml
細砂糖	20g

[裝飾]

咖啡豆	適量
防潮可可粉	適量
巧克力裝飾片	10片

STEP BY STEP

[法式甜塔皮]

1. 請依16-18頁的「法式甜塔皮」作法，加入咖啡粉並完成10個生塔皮（單個40g）。

[烘烤]

2. 在生塔皮上覆蓋烘焙紙或油力士紙杯。
3. 接著放入鎮石，以190℃烘烤約20分鐘後取出。
4. 拿掉烘焙紙與鎮石，刷上蛋液，掉頭烤約10分鐘，待涼。

[掛霜榛果]

5. 榛果鋪排在烤盤上、進烤箱，以130℃烘烤10分鐘後取出。
6. 將水和砂糖倒入鍋中，煮成稠狀的糖液。
7. 倒入榛果翻炒，至呈白霧狀的反砂即可。

[占度亞巧克力甘納許]

8. 倒鮮奶油入鍋，加熱煮至沸騰。
9. 倒入巧克力，拌至融化為止。
10. 利用餘溫，加入榛果醬、奶油拌勻。

[咖啡香緹鮮奶油]

11. 先取20ml動物性鮮奶油，倒入鍋中加熱，再加入10g即溶咖啡粉拌勻。
12. 剩下的200ml動物性鮮奶油與細砂糖打發，加入步驟8的咖啡液拌勻。
13. 將咖啡香緹鮮奶油填入裝有花嘴的擠花袋中，備用。

[組合]

14. 取出烤好的塔殼，填入占度亞巧克力甘納許，放冰箱冷藏定型。
15. 取出塔，擠上咖啡香緹鮮奶油，再撒上防潮可可粉。
16. 最後放上掛霜榛果、巧克力飾片、咖啡豆裝飾即完成。

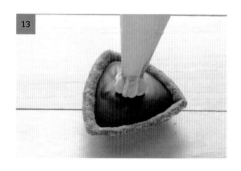

香料熱紅酒是許多女生喜愛的冬日飲品，
那就把它做成甜塔吧！
紅酒、香料與無花果一起暖呼呼地燉煮，
香氣誘人！

23

MULLED WINE & FIG TART
香料熱紅酒無花果塔

INGREDIENTS

模具：8吋固定派盤

20.3×16.1×2.8cm

份量：1個

[法式甜塔皮]

中筋麵粉	200g
杏仁粉	30g
發酵奶油（室溫）	120g
糖粉	60g
鹽	1小撮
全蛋	30g

[紅酒無花果]

無花果乾	12 顆
紅酒	250g
細砂糖	50g
八角	1顆

肉桂粉	1/2 小匙
柳橙果皮	1/2 顆

[杏仁奶油餡]

發酵奶油（室溫）	100g
糖粉	100g
全蛋	2顆
杏仁粉	100g
蘭姆酒	1小匙

[卡士達餡]

牛奶	100ml
細砂糖	25g
蛋黃	1顆
玉米粉	5g
發酵奶油（室溫）	10g

[裝飾]

防潮糖粉	適量

STEP BY STEP

[法式甜塔皮]

1. 請依16-18頁的「法式甜塔皮」作法完成塔皮。
2. 將剩餘塔皮擀平後，裁成5mm寬長條狀，綁成三股鞭，在邊緣圍上編好的三股鞭；整個放冰箱冷藏30分鐘以上再使用。

[紅酒無花果]

3. 除了無花果之外，所有食材一起倒入鍋中，加熱至沸騰。
4. 加入無花果乾，浸泡一天，備用。

[杏仁奶油餡]

5. 請依51頁的「杏仁奶油餡」作法完成餡料。

[卡士達餡]

6. 請依49頁的「卡士達醬」作法完成餡料，備用。

[烘烤]

7. 將杏仁奶油餡與卡士達餡混合後，填入擠花袋中。

8. 在生塔皮內填入步驟7的餡，約8分滿。

9. 將醃漬好的無花果剖半，擺入塔中。

10. 烤箱預熱至190℃，烘烤30分鐘至金黃後取出。

11. 最後撒上防潮糖粉即完成。

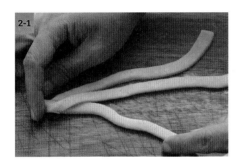

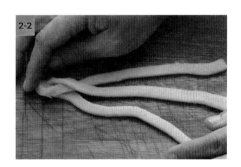

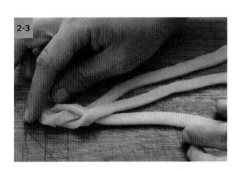

PART

3

QUICHES

多國籍創意鹹塔派

每道鹹派都有各自的風味與變化樂趣，不論是餡料連著生塔
皮直接烘烤，還是熟皮直接填餡的方式都能做出鹹派，可以
簡單也可以奢華，裝飾細節也可依個人喜好調整。一起跟著
食譜試作，同時也發想屬於自己的塔派吧！

HOMESTYLE QUICHES

清冰箱、不剩食的多變鹹塔派

鹹派（**Quiche**）就是麵皮、蛋奶液、餡料、起司這四種食材的美味結合，源自於法國阿爾薩斯--洛林地區，它是家家戶戶都會做的料理。在本書中介紹數種不同的派皮，並融入多國籍特色的內餡，甚至不用蛋奶液，直接填餡就能快速品嚐到美味，是非常親切又好做的家常料理與輕食點心。

不僅如此，其實鹹派更是能清冰箱、解決家裡剩食的一種方便料理，比方今天下廚做了比較多的咖哩、各種風味肉醬餡、青醬白醬、剩下的蔬菜邊角料…等都能使用上，甚至是我們很熟悉的「三杯雞」、「金沙茭白筍」也能變成鹹派餡料喔！別設限鹹派只是西式食物，這樣就能自由想像各種食譜，把中式料理、台式食材的概念融入鹹派中，讓平日單調的菜色呈現不一樣的風貌，而且在享受美食之餘，更能做到珍惜食材不浪費，是一件很棒的事呀！

01

RATATOUILLE QUICHE

普羅旺斯燉菜鹹派

家常的普羅旺斯燉菜要小火慢燉，
才能帶出蔬菜鮮甜並且濃縮成精華，
此道鹹派不管冷、熱吃都美味。

模具：6吋活動菊花派盤
16×14.3×2.3cm
份量：3個

[義式香料酥脆塔皮]

中筋麵粉	200g
發酵奶油（冰）	100g
鹽	3g
番茄汁	65ml
乾燥義大利綜合香料	1大匙

[普羅旺斯燉菜內餡]

茄子	2條
綠櫛瓜	2條
黃櫛瓜	2條
紅黃甜椒各	1/2顆
洋蔥末	1/2顆
蒜末	1小匙
橄欖油	適量
去皮番茄罐	1罐
香草束（月桂葉＋百里香＋歐芹）1束	
鹽	適量
黑胡椒粒	適量

STEP BY STEP

[法式酥脆塔皮]

1. 請依23-24頁的「法式酥脆塔皮」作法，以蕃茄汁取代蛋液和水，並加入義大利綜合乾燥香料完成3個生塔皮（單個 120g）。

[內餡]

2. 黃、綠櫛瓜、茄子、番茄切成圓片；蒜頭切末，洋蔥、紅黃甜椒切小丁備用。

3. 倒橄欖油入鍋，放入蒜末、洋蔥丁爆香。

4. 將洋蔥炒軟至透明，加入番茄罐、紅黃甜椒、香草束，以小火慢燉。

5. 待醬汁呈濃稠狀，挑出香草束並調味，靜置至冷卻。

[烘烤&填餡]

6. 在生塔皮上覆蓋烘焙紙或油力士紙杯。

7. 接著放入鎮石，以190℃烘烤約20分鐘後取出。

8. 取出烘焙紙與鎮石，刷上蛋液，續烤約5分鐘。

9. 將醬汁舀入塔皮中，依序堆疊切片食材。

10. 撒上少許黑胡椒、鹽，再淋上橄欖油。

11. 烤箱預熱至190℃，烘烤約20分鐘至金黃後取出。

BAKING TIPS

省略了蛋奶液，只靠打底醬汁帶出蔬菜鮮甜，當然也可將切片食材與打底醬汁一同燉煮後，再填入烘烤。

切片食材的形狀不用局限，也可改為塊狀或丁狀。

02

SALTED EGG & WATER
BAMBOO SAUSAGE QUICHE

金沙茭白筍香腸鹹派

夏季是茭白筍盛產的季節，富含水分且肉質細嫩，
搭配討喜的鹹蛋，顏色金黃且滋味鹹香，
來試試這道台灣味的鹹派吧。

模具：三角菊花模 7.6×7.4×1.9cm

份量：9個

[法式酥脆塔皮]

中筋麵粉	200g
發酵奶油（冰）	100g
鹽	3g
全蛋	1顆
冷水	15ml

[金沙茭白筍內餡]

茭白筍	5根
香腸	3根
蔥花	適量
辣椒	1根
大蒜	3瓣
鹹蛋	2顆
鹽	1小匙
橄欖油	適量

STEP BY STEP

[酥脆塔皮]

1. 請依23-24頁的「法式酥脆塔皮」作法完成塔皮，每個麵團分切重量為40g，入模冷藏備用。

[金沙茭白筍內餡]

2. 將茭白筍洗淨，削去粗糙的部分，切成滾刀塊狀。

3. 將鹹蛋黃蛋白分開後切碎；辣椒、蒜、蔥都切末；香腸切成塊狀，備用。

4. 倒少量油入鍋，放進茭白筍炒至表面上色後盛起；另外煎熟香腸。

5. 倒少量油入鍋，放入蒜末、鹹蛋黃拌炒，炒至鹹蛋黃起泡後，倒入茭白筍拌炒。

6. 等茭白筍都均勻沾上鹹蛋黃後，放入香腸塊、辣椒末、蔥花、鹹蛋蛋白，拌炒後均勻後起鍋。

[烘烤＆填餡]

7. 在生塔皮上覆蓋烘焙紙或油力士紙杯。

8. 接著放入鎮石，以190℃烘烤約20分鐘後取出。

9. 用刷子沾取蛋液，均勻塗刷在派皮內緣，放回烤箱烘烤約10分鐘。

10. 將炒料舀入塔皮中即完成。

BAKING TIPS

塊狀食材較不易熟透，得先燙熟或炒熟，以免烘烤不足而造成食材內部未熟透。

香腸可更改其他燻製肉類，但因為已有鹹味，所以蛋奶液中的鹽巴需酌量減少。

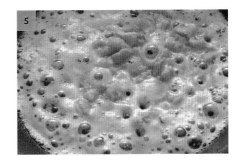

03

SWEET PEPPER &CHICKEN FARFALLE QUICHE

彩椒雞肉蝴蝶麵鹹派

如果家裡正好煮了這個口味的餡料，
不妨留下一點料來做鹹派吧，
類似白醬的風味和塔皮非常合拍！

INGREDIENTS

模具：6吋活動菊花派盤

16×14.3×2.3cm

份量：3個

[彩椒雞肉蝴蝶麵內餡]

蝴蝶麵	80g
百里香	2根
雞胸肉	250g
洋蔥	1/3顆
紅黃甜椒各	1/2顆
大蒜	2瓣
白酒	2大匙
牛奶	200ml
焗烤用乳酪絲	50g
橄欖油	適量
奶油	適量
鹽巴	少許
焗烤乳酪絲	適量

[起司法式酥脆塔皮]

中筋麵粉	200g
起司粉	1大匙
發酵奶油（冰）	100g
全蛋	1顆
冷水	15ml

STEP BY STEP

[起司法式酥脆塔皮]

1. 請依23-24頁的「法式酥脆塔皮」作法，加入起司粉完成3個生塔皮（單個120g）。

[彩椒雞肉蝴蝶麵內餡]

2. 洋蔥去皮，與去籽的紅黃甜椒、雞胸肉都分別切成丁狀；蒜切成末，備用。

3. 備一加了鹽的滾水鍋，放入蝴蝶麵煮約9分鐘後撈起瀝乾。

4. 倒橄欖油入平底鍋，放入奶油，加入蒜末、洋蔥丁、百里香拌炒至軟。

5. 加入雞胸肉丁、紅黃甜椒丁續炒。

6. 倒入白酒，煮滾至酒氣蒸發。

7. 倒入牛奶、撒上乳酪絲，續煮至乳酪絲融化成稠狀。

8. 倒入蝴蝶麵拌勻，以鹽調味之後關火。

[烘烤 & 填餡]

9. 在生塔皮上覆蓋烘焙紙或油力士紙杯。

10. 接著放入鎮石，以190℃烘烤約20分鐘後取出。

11. 用刷子沾取蛋液，均勻塗刷在派皮內緣，放回烤箱烘烤約10分鐘。

12. 將炒料舀入塔皮中，約9分滿，撒上乳酪絲（份量外）。

13. 烤箱預熱至190℃，烘烤至乳酪融化即完成。

04

BABY CHINESE CABBAGE & PORK BELLY QUICHE

白菜鹽麴豬五花鹹派

大白菜自然釋出的水分與五花肉片的油脂、
鹽麴調味三者相結合，吃起來非常鮮甜；
塔殼中加了馬告玫瑰鹽，做出有點不同的塔派。

INGREDIENTS

模具：3.5吋菊花塔模 10×8.2×2.1cm

份量：7個

[法式酥脆塔皮]

中筋麵粉	200g
發酵奶油（冰）	100g
馬告玫瑰鹽	3g
全蛋	1顆
冷水	15ml

[白菜肉捲內餡]

娃娃菜	8株
豬五花	200g
鹽麴	適量

[蛋奶液]

雞蛋	1顆
動物鮮奶油	50ml
牛奶	50ml
鹽	適量
胡椒粉	適量

STEP BY STEP

[法式酥脆塔皮]

1. 請依23-24頁的「法式酥脆塔皮」作法將馬告玫瑰鹽取代鹽，完成7個生塔皮（單個50g）。

[白菜肉捲內餡]

2. 用鹽麴醃漬豬五花肉片5分鐘；剝下娃娃菜葉片，放滾水鍋中燙後撈起瀝乾水分，備用。

3. 先以大白菜為底，再放上豬五花肉片，此為一次，共疊五次。

4. 疊好後捲成肉捲，橫剖成兩個圈圈狀。

[烘烤&填餡]

5. 在生塔皮上覆蓋烘焙紙或油力士紙杯。

6. 接著放入鎮石，以190℃烘烤約20分鐘後取出。

7. 用刷子沾取蛋液，均勻塗刷在派皮內緣，放回烤箱烘烤約5分鐘。

8. 將橫剖的1/2五花肉捲平行放入塔皮中，倒入蛋奶液約8-9分滿。

9. 烤箱預熱至190℃，烘烤約20分鐘至蛋液凝固後取出。

05

COTTAGE QUICHE
英倫農舍風鹹派

這道內餡是來自英國的傳統料理，
原本是家庭主婦為了處理吃不完的
肉類而無意間研發出來的美味餐點。

INGREDIENTS

模具：小乳酪模 9.6×6.6×4cm

份量：4個

[法式酥脆塔皮]

中筋麵粉	200g
發酵奶油（冰）	100g
鹽	3g
全蛋	1顆
冷水	15ml

[農舍風肉餡]

豬絞肉	100g
洋蔥	15g
紅蘿蔔	15g
青豆仁	15g
水	500g
去皮番茄醬	200g
紅酒	1杯
鹽	適量
黑胡椒	適量
橄欖油	適量
帕瑪森起司	適量
馬鈴薯	2顆
奶油	15g
牛奶	30ml
全蛋	1顆
洋香菜	適量

STEP BY STEP

[法式酥脆塔皮]

1. 請依23-24頁的「法式酥脆塔皮」作法完成4個生塔皮（單個80g）。

[農舍風肉餡]

2. 將洋蔥、紅蘿蔔去皮切成丁；馬鈴薯去皮，備用。

3. 把馬鈴薯放電鍋蒸熟，取出放涼後壓成泥狀，趁熱加入奶油拌勻，再倒入牛奶、鹽拌軟，備用。

4. 倒橄欖油入鍋，將蔬菜丁炒香。

5. 加入絞肉拌炒至表面變白色，接著倒入紅酒，煮滾至完全收乾，

6. 倒入去皮番茄罐與水蓋過食材，轉小火燜煮。

7. 加入青豆仁續煮，最後以鹽、黑胡椒調味後關火。

[烘烤&填餡]

8. 在生塔皮上覆蓋烘焙紙或油力士紙杯。

9. 接著放入鎮石，以190℃烘烤約20分鐘後取出。

10. 用刷子沾取蛋液，均勻塗刷在派皮內緣，放回烤箱烘烤約10分鐘。

11. 將餡料的汁液瀝除，再舀入塔皮，約8分滿，並以馬鈴薯泥封口，表面塗上蛋液。

12. 烤箱預熱至 190℃，烘烤至表面上色即完成。

06

GUACAMOLE &
CRAB STICK QUICHE
酪梨莎莎蟹肉鹹派

對於鹹派的印象總是油膩濃郁嗎？
那來試試這道有很多很多蔬菜，
並以爽口微辣的醬汁做調味的鹹派吧，
很適合當成輕食午餐。

模具：**8吋活動菊花派盤**

20×18.1×2.6cm

份量：**2個**

[法式酥脆塔皮]

中筋麵粉	200g
發酵奶油（冰）	100g
鹽	3g
全蛋	1顆
冷水	15ml

[酪梨莎莎內館]

酪梨	2顆
紫洋蔥	30g
牛番茄	250g
香菜	適量
綜合生菜	120g
蟹肉	12條
檸檬汁	30ml
Tabasco辣醬	1小匙
橄欖油	4大匙
鹽	少許
黑胡椒	少許
黑橄欖片	適量

STEP BY STEP

[法式酥脆塔皮]

1. 請依23-24頁的「法式酥脆塔皮」作法完成2個生塔皮（單個180g）。

[酪梨莎莎內館]

2. 將洋蔥去皮，與香菜都切成末；牛番茄去皮去籽後切丁，酪梨也去皮切丁；生菜洗淨，用廚房紙巾按乾水分，備用。

3. 把以上的食材丁和調味料拌合，擠入檸檬汁，拌勻成餡料。

[烘烤＆填餡]

4. 在生塔皮上覆蓋烘焙紙或油力士紙杯。

5. 接著放入鎮石，以190℃烘烤約20分鐘後取出。

6. 用刷子沾取蛋液，均勻塗刷在派皮內緣，放回烤箱烘烤約10分鐘。

7. 先鋪一層生菜，再將餡料舀入塔皮，擺上蟹肉、黑橄欖片即完成。

07

STUFFED MUSHROOMS QUICHE

酥烤香料蘑菇鹹派

這道鹹派能吃到一整顆的蘑菇，
撒上酥酥的麵包粉、香料，
交織出意想不到的味覺體驗，
一口就能很滿足！

INGREDIENTS

模具：菊花蛋塔模 7×2cm

份量：18個（兩種造型）

[油酥塔皮]

中筋麵粉	180g
鹽	2g
發酵奶油（室溫）	20g
冷水	100ml
發酵奶油（冰）	110g

[香料內餡]

蘑菇	18顆
麵包粉	30g
橄欖油	1大匙
義大利綜合香料	2大匙
大蒜	2瓣
鹽	適量
黑胡椒	適量
橄欖油	適量
起司粉	適量

STEP BY STEP

[油酥塔皮]

1. 請依27-28頁的「油酥塔皮」作法完成派皮。

[香料內餡]

2. 用廚房紙巾輕輕擦拭蘑菇表面髒汙後去蒂；大蒜切末，備用。

3. 麵包粉、蒜末、黑胡椒、義大利香料、鹽、橄欖油混合均勻。

4. 將步驟3調好的餡料填入蘑菇內。

[烘烤&填餡]

5. 將派皮切成6×6cm 的正方形。

6. 把派皮放入菊花模中。

7. 倒放蘑菇。

8. 舀入餡料於蘑菇中心。

9. 淋上少許橄欖油。

10. 放入預熱至190度的烤箱烘烤約15分至表面呈現金黃即可。

[雙層油酥塔皮]

11. 用壓模將油酥皮壓出形狀，共需2片。

12. 再用壓模將其中一片油酥皮壓出中間孔洞。

13. 在沒有孔洞的油酥皮上刷蛋液。

14. 放上有孔洞的油酥皮。

15. 放上蘑菇與餡料。

16. 最後撒上香料或調味料後就能進烤箱烤。

BAKING TIPS

如果手邊有吃剩的麵包變硬，也可以用來打成麵包粉使用。

拌合內餡時，需要添加油脂，才會有香酥口感。

08

PESTO SAUCE MILKFISH QUICHE

青醬虱目魚鹹派

虱目魚是台灣南部的著名漁產，
用它和西式的青醬來做台式口味的鹹派，
沒想到兩者一拍即合，是酥脆帶鹹的鮮味。

INGREDIENTS

模具：3.5吋菊花塔模 10×8.2×2.1cm

份量：7個

[法式酥脆塔皮]

中筋麵粉	200g
發酵奶油（冰）	100g
鹽	3g
全蛋	1顆
冷水	15ml

[青醬]

九層塔	120g
松子	1.5大匙
起司粉	2大匙
橄欖油	50ml

大蒜	2瓣
鹽	適量
黑胡椒	適量

[內餡]

虱目魚肚	1片
花椰菜	1/4棵
洋蔥	1/2顆
紅黃甜椒	各1/2顆

[蛋奶液]

雞蛋	2顆
動物鮮奶油	100ml
牛奶	100ml
青醬	2大匙
鹽	適量

STEP BY STEP

[法式酥脆塔皮]

1. 請依23-24頁的「法式酥脆塔皮」作法完成7個生塔皮（單個50g）。

[青醬&內餡]

2. 依序將九層塔、大蒜、松子和橄欖油放進果汁機打成泥狀，再加入起司粉、鹽、黑胡椒攪打調味。

3. 備一滾水鍋，放入切小朵的花椰菜燙熟；洋蔥、甜椒切成丁，備用。

4. 虱目魚切成8等份，用鹽醃10分鐘；放入倒了油的熱鍋裡煎，至兩面上色盛起，備用。

5. 原鍋放入洋蔥丁、甜椒丁拌炒至軟，加入花椰菜拌一下，以鹽調味後關火。

[烘烤&填餡]

6. 在生塔皮上覆蓋烘焙紙或油力士紙杯。

7. 接著放入鎮石，以190℃烘烤約20分鐘後取出。

8. 用刷子沾取蛋液，均勻塗刷在派皮內緣，放回烤箱烘烤約5分鐘。

9. 將炒料舀入塔皮中，約6分滿，倒入蛋奶液約8分滿，舀上一匙青醬、放上煎好的虱目魚塊。

10. 烤箱預熱至190℃，烘烤約20分鐘至蛋液凝固後取出。

BAKING TIPS

打好的青醬如未能使用完畢，可填入製冰盒中冷凍保存；或裝入玻璃罐，再倒入適量橄欖油直到覆蓋青醬表面，以防氧化變黑，放冷藏能保存5天。

09

WELSH ONION & OYSTER QUICHE

鹽麴卡滋大蔥鮮蚵鹹派

風行日本的鹽麴，是調味的好幫手，
用它取代鹽巴調味，不僅能增加風味，
更帶出食物的自然鮮甜。

模具：長型菊花模 6×11×2cm

份量：5個

[蒜味酥脆塔皮]

中筋麵粉	200g
發酵奶油（冰）	100g
鹽	3g
全蛋	1顆
冷水	15ml
蒜頭酥	1大匙

[鹽麴大蔥鮮蚵內餡]

日本大蔥	2支
洋蔥	20g
鮮蚵	100g
大蒜	2瓣
豆酥	10g
辣椒	1根

[蛋奶液]

雞蛋	2顆
動物鮮奶油	60ml
牛奶	100ml
鹽麴	1大匙
白酒	1大匙
胡椒粉	適量

[蒜味酥脆塔皮]

1. 請依23-24頁的「法式酥脆塔皮」作法，加入蒜頭酥完成5個生塔皮（單個70g）。

[鹽麴大蔥鮮蚵內餡]

2. 以流動的水將鮮蚵輕柔洗淨後瀝乾水分，加少許太白粉拌勻。

3. 備一滾水鍋，放入鮮蚵煮至浮起，撈出瀝乾水分。

4. 將大蔥切成1.5cm段，蒜頭、辣椒皆切末，備用。

5. 取一個碗，放入豆酥、蒜末、紅辣椒末、橄欖油拌勻成豆酥料，備用。

[烘烤＆填餡]

6. 在生塔皮上覆蓋烘焙紙或油力士紙杯。

7. 接著放入鎮石，以190℃烘烤約20分鐘後取出。

8. 用刷子沾取蛋液，均勻塗刷在派皮內緣，放回烤箱烘烤約5分鐘。

9. 將大蔥與鮮蚵舀入塔皮中，倒入調好的蛋奶液約8分滿，撒上豆酥料。

10. 烤箱預熱至190℃，烘烤約20分鐘至蛋液凝固後取出。

BOLOGNESE SAUCE CONCHIGLIE QUICHE
波隆納肉醬貝殼麵鹹派

波隆納肉醬就是我們一般熟知的紅醬，
加入兩種肉類讓味道更有層次深度的基礎做法，
成品香氣濃郁誘人。

模具：直圓塔模 7×2.5cm

份量：8個

[法式酥脆塔皮]

中筋麵粉	200g
發酵奶油（冰）	100g
鹽	3g
全蛋	1顆
冷水	15ml

[波隆那肉醬內餡]

牛絞肉	50g
豬絞肉	50g
洋蔥	15g
紅蘿蔔	15g
西芹	15g
水	500ml
去皮番茄醬	200g
黑胡椒	適量
鹽	適量
橄欖油	適量
貝殼麵	70g
帕瑪森起司	適量
馬鈴薯	2顆

[法式酥脆塔皮]

1. 請依23-24頁的「法式酥脆塔皮」作法完成8個生塔皮（單個45g）。

[波隆那肉醬內餡]

2. 將洋蔥、紅蘿蔔去皮，西芹去粗梗，分別切成細末，備用。

3. 倒入橄欖油熱鍋，將蔬菜末炒香。

4. 加入豬、牛絞肉拌炒至表面變成白色。

5. 倒入去皮番茄醬、水蓋過食材，轉小火燜煮約 1 小時。

6. 以海鹽、黑胡椒調味後盛起。

7. 備一滾水鍋，加入1小匙海鹽，放入貝殼麵煮至8分熟，撈出瀝乾水分。

8. 將貝殼麵與波隆那肉醬攪拌均勻成餡料。

9. 馬鈴薯去皮蒸熟後壓成泥，取適量醬汁拌勻，備用。

[烘烤＆填餡]

10. 在生塔皮上覆蓋烘焙紙或油力士
    紙杯。
11. 用刷子沾取蛋液，均勻塗刷在派皮
    內緣，放回烤箱烘烤約10分鐘。
12. 將步驟9的馬鈴薯泥先填入塔皮
    中，稍微抹平。
13. 最後倒入調好的肉醬麵餡，刨上
    帕瑪森起司即完成。

MUSHROOMS & TRUFFLE SAUCE QUICHE

松露醬田園野菇鹹派

黑松露醬與綜合菇類交織出濃郁香氣，
菇類嚐起來還能帶點水分、很好入口，
喜歡菇類的你絕對要嘗試做看看！

INGREDIENTS

模具：6連馬芬模 26.5×18.8×2.8cm

份量：8個

[乾洋蔥法式酥脆塔皮]

中筋麵粉	200g
發酵奶油（冰）	100g
鹽	3g
全蛋	1顆
冷水	15ml
乾燥洋蔥	1大匙

[松露醬田園野菇內餡]

大蒜	2瓣
紫洋蔥	60g
美白菇	50g
鴻禧菇	50g
秀珍菇	50g
香菇	50g
杏鮑菇	50g
花椰菜	1/3棵
鹽	適量
黑胡椒	適量
起司粉	適量
松露醬	1.5大匙
奶油	適量
細香蔥	少許

STEP BY STEP

[乾洋蔥法式酥脆塔皮]

1. 請依23-24頁的「法式酥脆塔皮」作法，加入切碎的乾燥洋蔥完成8個生塔皮（單個45g）。

[松露醬田園野菇內餡]

2. 大蒜切末、洋蔥去皮切絲，所有菇類處理成適口大小，備用。

3. 倒橄欖油入平底鍋，放入蒜末、洋蔥絲先炒出香味。

4. 放入所有菇類，繼續翻炒至熟後就關火，盛入大碗中。

5. 將松露醬與切片奶油、起司粉倒入步驟4拌勻，以鹽和黑胡椒調味。

[烘烤&填餡]

6. 在生塔皮上覆蓋烘焙紙或油力士紙杯。

7. 接著放入鎮石，以190℃烘烤約20分鐘後取出。

8. 用刷子沾取蛋液，均勻塗刷在派皮內緣，放回烤箱烘烤約10分鐘。

9. 將炒好的餡料放入塔皮，最後以松露醬、細香蔥稍加點綴即完成。

香氣濃郁的牛肝菌
常被拿來增添料理烹調的風味，
其實把它拿來做鹹派
也有很好的提香效果喔。

12

BACON WITH PORCINI MUSHROOMS & ASPARAGUS QUICHE

培根牛肝菌蘆筍鹹派

INGREDIENTS

模具：長型菊花模 10×24×2.5cm

份量：2個

[歐芹法式酥脆塔皮]

中筋麵粉	200g
發酵奶油（冰）	100g
鹽	3g
全蛋	1顆
冷水	15ml
新鮮歐芹	1大匙

[培根牛肝菌蘆筍內餡]

牛肝菌	10g
鴻禧菇	30g
美白菇	30g
洋蔥	20g
蘆筍	30g
培根	2條
白酒	3大匙
大蒜	2瓣
橄欖油	適量
奶油	適量
芥末籽醬	適量
黑胡椒	適量
鹽	適量

[蛋奶液]

雞蛋	2顆
動物鮮奶油	100ml
牛奶	100ml
鹽	適量

STEP BY STEP

[歐芹法式酥脆塔皮]

1. 請依23-24頁的「法式酥脆塔皮」作法，加入切碎歐芹完成2個生塔皮（單個180g）。

[內餡]

2. 用開水泡軟牛肝菌後捏乾水分。
3. 將蘆筍去除粗纖維，洋蔥、大蒜切末備用。
4. 燙熟蘆筍，撈出後瀝去水分；培根切細丁，煎至乾酥，備用。
5. 倒橄欖油、加奶油入鍋，倒入蒜末、洋蔥末爆香。
6. 倒入所有菇類拌炒，加入白酒收乾湯汁。
7. 以芥末籽醬、鹽、黑胡椒調味，關火。

[烘烤&填餡]

8. 在生塔皮上覆蓋烘焙紙或油力士紙杯。

9. 接著放入鎮石,以190℃烘烤約20分鐘後取出。

10. 用刷子沾取蛋液,均勻塗刷在派皮內緣,放回烤箱烘烤約5分鐘。

11. 將炒料舀入塔皮中,約6分滿,倒入蛋奶液約8-9分滿,擺上蘆筍。

12. 烤箱預熱至190℃,烘烤約20分鐘至金黃後取出,撒上培根碎點綴。

BAKING TIPS

菇類容易出水,建議現烤現吃,以免水氣讓塔皮變溼而影響口感。

柚子胡椒是日本人很熟悉的調味品之一，
微鹹微辣的柚子胡椒散發著迷人的柚子果香與辛香，
讓根菜有了獨特風味。

13

THYME & ROOT VEGETABLES
QUICHE

百里香綜合根菜鹹派

模具：6吋活動菊花派盤

16×14.3×2.3cm

份量：3個

[蒜味酥脆塔皮]

中筋麵粉	200g
發酵奶油（冰）	100g
鹽	3g
全蛋	1顆
冷水	15ml
乾燥蒜片	1大匙

[綜合根菜內餡]

栗子南瓜	100g
蓮藕	30g
金時地瓜	2條
馬鈴薯	1顆
芋頭	1/2顆
菱角	30g
柚子胡椒	適量
橄欖油	適量
日式醬油	2小匙
百里香	1/2大匙

[豆腐霜]

板豆腐	1塊
味噌	適量

[蒜味酥脆塔皮]

1. 請依23-24頁的「法式酥脆塔皮」作法，加入乾燥蒜片完成3個生塔皮（單個120g）。

[綜合根菜內餡]

2. 將所有根菜洗淨，並帶皮切成滾刀狀。

3. 備一滾水鍋，放入根菜塊煮熟至用筷子可插入的軟度，撈出瀝乾，備用。

4. 將根菜塊與調味料一同拌勻。

[烘烤＆填餡]

5. 在生塔皮上覆蓋烘焙紙或油力士
   紙杯。

6. 接著放入鎮石，以190℃烘烤約
   20分鐘後取出。

7. 用刷子沾取蛋液，均勻塗刷在派皮
   內緣，放回烤箱烘烤約10分鐘。

8. 用紙巾瀝掉豆腐水分，放進調理
   機與味噌攪拌成柔順的豆腐霜。

9. 將豆腐霜舀入塔皮中，再填入根
   菜料，最後放上百里香即完成。

BAKING TIPS

建議根菜水煮至可穿透即可，不
要太過軟爛以免失去爽脆口感。

請以個人口味喜好拿捏味噌加入
的份量。

RED QUINOA & JANANESE MIXED RICE QUICHE

紅藜五目雜炊鹹派

「五目」來自於日文，
指的是使用五種食材來製作料理，
感覺吃上一份就能活力滿滿，
而且塔皮放了紅藜更健康！

模具：菱形菊花模 8.9×6×1.9cm

份量：10個

[紅藜法式酥脆塔皮]

中筋麵粉	200g
發酵奶油（冰）	100g
鹽	3g
全蛋	1顆
冷水	15ml
紅藜	1大匙

[五目雜炊內餡]

竹筍	30g
香菇	5朵
紅蘿蔔	30g
牛蒡	30g
毛豆	30g
白米	1杯
日式醬油	2大匙
味醂	1大匙
鹽	適量
黑胡椒	適量
水	1杯
海苔絲	適量
白芝麻	適量

STEP BY STEP

[紅藜法式酥脆塔皮]

1. 請依23-24頁的「法式酥脆塔皮」作法，加入紅藜完成10個生塔皮（單個35g）。

[五目雜炊內餡]

2. 將白米洗淨，毛豆燙熟。

3. 蔬菜類食材去皮並切成丁狀，加入調味料拌勻，和米一起放電鍋蒸熟。

4. 待開關跳起後，拌勻鍋中的料，再撒上燙好的毛豆拌勻。

[烘烤＆填餡]

5. 在生塔皮上覆蓋烘焙紙或油力士紙杯。

6. 接著放入鎮石，以190℃烘烤約20分鐘後取出。

7. 用刷子沾取蛋液，均勻塗刷在派皮內緣，放回烤箱烘烤約10分鐘。

8. 將炒料舀入塔皮中，撒上海苔絲、白芝麻即可。

BAKING TIPS

建議五種食材的選用儘量挑水分
較少的，如要改為葉菜類，需考
慮葉菜加熱後容易出水，故水量
需酌量增減，以免米飯太過軟爛。

BALSAMIC VINEGAR GRILLED VEGETABLES QUICHE

巴沙米克醋烤時蔬鹹派

蔬菜經烘烤後會產生甜味，
搭配微酸又帶點甜味的 Balsamico 就是絕配！
這道派使用的是手捏派皮，
為避免塔皮散上，需緊緊捏合再行烘烤。

模具：手捏造型 **7cm**

份量：**6個**

[法式酥脆塔皮]

中筋麵粉	200g
發酵奶油（冰）	100g
鹽	3g
全蛋	1顆
冷水	15ml

[烤時蔬內餡]

橄欖油	100ml
義大利綜合香料	1/2大匙
鹽	適量
黑胡椒	適量
巴沙米克醋	50ml
杏鮑菇	30g
茄子	100g
櫛瓜	100g
茭白筍	100g
玉米筍	30g
小番茄	100g
黃檸檬	1顆
百里香	適量

[法式酥脆塔皮]

1. 請依23-24頁的「法式酥脆塔皮」
   作法，手捏完成塔皮。

[烤時蔬內餡]

2. 杏鮑菇、茄子、櫛瓜、茭白筍、
   玉米筍皆切成滾刀塊，小番茄剖
   半，備用。

3. 將以上食材與調味料一同混合。

[烘烤 & 填餡]

4. 取出擀好的生塔皮，鋪上餡料、
   黃檸檬片、百里香。

5. 用手逐一將派皮邊緣捏成角型，放
   冰箱冷藏30分鐘，定型後取出。

6. 烤箱預熱至190℃，烘烤約25-30
   分鐘至金黃後取出，最後撒上百里
   香即完成。

BAKING TIPS

手捏派皮方式請見45頁。

16

MARGARET..
QUIC..

瑪格麗特披薩鹹派

經典的披薩口味也能運用在鹹派的操作上，
雖然食材簡單不複雜華麗，
但卻是大人小孩都會很喜歡的口味。

INGREDIENTS

模具：15cm手捏塔皮

份量：2個

[法式酥脆塔皮]

中筋麵粉	200g
發酵奶油（冰）	100g
鹽	3g
全蛋	1顆
冷水	15ml

[披薩醬]

去皮切丁番茄	1罐

番茄糊	3大匙
大蒜	2瓣
奧勒岡香料	2小匙
洋蔥	10g
橄欖油	適量
鹽	適量
黑胡椒	適量

[內餡鋪料]

牛番茄	2顆
莫札瑞拉起司	適量
羅勒葉	適量

STEP BY STEP

[酥脆塔皮]

1. 請依23-24頁的「法式酥脆塔皮」作法完成2個塔皮。

[披薩醬肉餡]

2. 洋蔥、大蒜去皮切末，牛番茄、莫札瑞拉起司切片備用。

3. 倒橄欖油入鍋，以中小火慢炒洋蔥末與蒜末至有香氣。

4. 加入去皮切丁番茄罐、番茄糊、奧勒岡香料續煮。

5. 熬煮到湯汁收乾，以鹽和黑胡椒調味後關火。

6. 放至冷卻後，以均質機攪打至細滑狀態。

[鋪料＆烘烤]

7. 將塔派邊緣處往內側摺壓，抹上披薩醬，放上番茄切片及莫札瑞拉起司，放上羅勒葉。

8. 烤箱預熱至190℃，烘烤約15-20分鐘至金黃、起司也融化後即可取出。

17

COCONUT GREEN CURRY CHICKEN QUICHE

椰汁綠咖哩雞鹹派

辛辣的綠咖哩搭配溫和的椰汁，
調和出有著強烈泰式風味的特色塔派，
有別於你一般吃的口味，會讓人印象深刻喔。

模具：**6吋活動菊花派盤**

16×14.3×2.3cm

份量：**3個**

[法式酥脆塔皮]

中筋麵粉	200g
發酵奶油（冰）	100g
鹽	3g
全蛋	1顆
冷水	15ml
新鮮檸檬葉	5g
新鮮香茅葉	5g

[內餡]

綠咖哩膏	2大匙
魚露	1小匙
椰糖	1大匙
椰奶	200ml
水	100ml
雞胸肉	300g
茄子	1/2條
小番茄	60g
玉米筍	50g
洋蔥	30g
九層塔	適量
辣椒	1根

[綠咖哩蛋奶液]

雞蛋	2顆
綠咖哩醬汁	40ml
椰奶	160ml

STEP BY STEP

[酥脆塔皮]

1. 將檸檬葉、香茅葉洗淨，用廚房紙巾擦乾後切碎，備用。
2. 請依23-24頁的「法式酥脆塔皮」作法，加入檸檬葉、香茅葉末完成3個生塔皮（單個120g）。

[內餡]

3. 將雞胸肉、洋蔥切丁；茄子、玉米筍切斜刀；小番茄剖半，備用。
4. 倒油入平底鍋，先加入綠咖哩膏炒香。
5. 倒入椰奶、水，以中小火加熱至滾後，放入雞肉丁和蔬菜續煮。
6. 加入魚露、糖調味，煮入味之後關火。

[鋪料＆烘烤]

7. 在生塔皮上覆蓋烘焙紙。

8. 接著放入鎮石，以190℃烘烤約20分鐘後取出。

9. 用刷子沾取蛋液，均勻塗刷在派皮內緣，放回烤箱烘烤約5分鐘。

10. 將餡料舀入塔皮中約6分滿，倒入蛋奶液約8-9分滿，放上辣椒段、九層塔。

11. 烤箱預熱至190℃，烘烤約20分鐘至蛋液凝固後取出。

BAKING TIPS

綠咖哩是泰式咖哩中辣度最高的，可依個人喜好的辣度做增減。

可將煮好的綠咖哩雞醬汁加一點在蛋奶液中，這樣烤出來的成品味道會更加濃郁好吃。

18

THREE - CUP CHICKEN QUICHE

塔香三杯雞鹹派

塔香三杯雞很下飯，想不到也能變成鹹派餡料呢！
油油亮亮的雞肉加上九層塔，香氣撲鼻而來，
真想再多吃幾個～

INGREDIENTS

模具：8吋固定派盤
20.3×16.1×2.8cm
份量：1個

[法式酥脆塔皮]

中筋麵粉	200g
發酵奶油（冰）	100g
鹽	3g
全蛋	1顆
冷水	15ml

[塔香三杯雞內餡]

米酒	6大匙
醬油	3大匙
細砂糖	2大匙
麻油	2大匙
薑片	5片
辣椒	1條
大蒜	6瓣
杏鮑菇	50g
去骨雞腿肉	300g
九層塔	適量
蔥	1根
辣椒絲	少許

[蛋奶液]

雞蛋	1顆
動物鮮奶油	50ml
牛奶	50ml
鹽	適量

STEP BY STEP

[酥脆塔皮]

1. 請依23-24頁的「法式酥脆塔皮」作法完成塔皮。再用叉子在派皮邊緣做出花樣。

[塔香三杯雞內餡]

2. 將雞腿切小塊，放入滾水鍋　燙後撈起，備用。

3. 紅辣椒切片、蒜拍扁、蔥切段、杏鮑菇切滾刀，備用。

4. 倒麻油熱鍋，用小火先煎香薑片，再放大蒜炒香。

5. 加入蔥段、辣椒片繼續拌炒。

6. 放入雞腿肉塊、杏鮑菇拌炒。

7. 倒入砂糖、酒、醬油續燜煮至收汁。

8. 起鍋前，放入九層塔稍微拌勻。

[鋪料＆烘烤]

9. 在生塔皮上覆蓋烘焙紙或油力士紙杯。

10. 接著放入鎮石，以190℃烘烤約20分鐘後取出。

11. 用刷子沾取蛋液，均勻塗刷在派皮內緣，放回烤箱烘烤約5分鐘。

12. 將炒料舀入塔皮中，約8分滿，再倒入蛋奶液。

13. 烤箱預熱至190℃，烘烤約20分鐘至蛋液凝固後取出，撒上辣椒絲裝飾。

> ### BAKING TIPS
>
> 多餘的三杯醬汁可添加於蛋奶液中調勻，為成品美味加分。

4

MINI QUICHES & TARTS

一口食的宴客塔派

把塔派當成小小畫布，讓四季的各種食材組合在這方圓中，可以快速填餡也可華麗裝飾！本篇章介紹各種一口食的小塔，口味有鹹有甜、造型或簡單或變化，一起做出色彩繽紛的可愛小塔吧。

小巧可愛的塔派是宴客、派對、節慶送禮時的好選擇，而且一手就可食，非常方便！只要準備不同形狀烤模，塔配各種天然食材染色的盲烤塔皮，再填入生料或熟餡，就能輕鬆製作出可愛又小巧的小巧塔派了。

製作塔派時，需注意奶油的品質要好，才不會有油耗味；塔皮要酥，而且不可太厚，這樣做出來的成品才會好吃。選擇小型烤模時，要依據烤模深度來決定餡料內容、填料的多寡，需不需要添加蛋奶液而得再次烘烤……等狀況。而一般的烤模大多會以形狀、摺紋來分辨，比方：底部不平整且深度小於2cm以下的塔模，並不適合填入蛋奶液，因為其盛裝容量小，填入蛋奶液並再次烘烤後，其實在口中感受力不強，而且也比較耗時，並不建議如此製作。

製作小巧塔派時，要掌握有效率的規劃與主要餡料的組合，所以會建議以熟餡來操作比較恰當，或是進行一次烘烤，以節省大量時間。本篇章以容易操作的新鮮水果塔為考量，其次為增加層次或香氣，改用乳酪、奶油或巧克力來取代卡士達餡，讓口味更有變化性。

除了軟質內餡可操作外，也可將水果糖化濃縮成醬，或直接將食材加熱調味後再進行填餡…等。接下來的食譜列舉了10道食材容易取得且組合簡單的小巧塔派，可以帶領大家探索一下小巧塔派的有趣之處，而且就算是新手也能簡單完成！

189

① MINI APPLE ROSE TART
迷你蘋果花捲小塔

千層塔皮配上酸甜蘋果片，輕輕捲起，
就變身成美麗可口的花形點心！
烤好的花捲塔會在你的烤模裡朵朵盛開～

INGREDIENTS

模具：12連迷你馬芬模

份量：12個

[油酥塔皮]

中筋麵粉	180g
鹽	2g
發酵奶油（室溫）	20g

冷水	100ml
發酵奶油（冰）	110g

[杏桃蘋果餡]

蘋果	3顆
細砂糖	15g
檸檬汁	15ml
水	30ml
杏桃果醬	適量

STEP BY STEP

[油酥塔皮]

1. 請依23-24頁的「油酥塔皮」作法完成派皮。
2. 將派皮擀成約0.2cm厚，裁成5×15cm左右的長條，備用。

[杏桃蘋果餡]

3. 蘋果洗淨後去蒂，用刨刀刨成薄片狀。

4. 將檸檬汁、砂糖、水倒入鍋中加熱煮沸後關火，放入蘋果片泡至軟化。
5. 將泡軟的蘋果片一片片擺在網架上瀝乾，或用紙巾擦乾。
6. 把蘋果片擺在千層麵片上，讓尾端1/3處交疊，鋪成長條狀。
7. 塗上杏桃果醬，派皮往上摺疊，再捲摺成玫瑰花狀，放入馬芬模。
8. 烤箱預熱至190℃，進烤箱烤約20~25分鐘至上色，取出放涼後，撒上糖粉即完成。

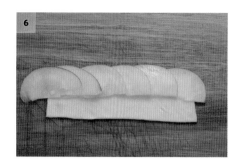

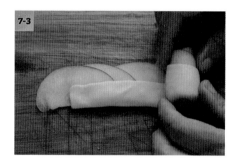

BAKING TIPS

也可用甜塔皮來製作，與蘋果
片、杏仁奶油餡一同捲製烘烤，
增添風味。

需保留蘋果皮，好讓烤好的蘋果
花捲能保持立體造型。

蘋果皮要經過糖漬或加熱、使其
軟化，捲起時才不至於斷裂。

2

MINI MENDIANT
CHOCOLATE TART
蒙蒂翁巧克力小塔

巧克力與堅果的組合是經典款，
兩種食材的香氣與口感融合，讓人很難抗拒！
堅果也可以換成自己喜歡的水果丁或其他果乾喔～

INGREDIENTS

模具：蛋塔菊花模 7×2cm

份量：20個

[法式甜塔皮]

中筋麵粉	200g
杏仁粉	30g
發酵奶油（室溫）	120g
糖粉	60g
鹽	1小撮
全蛋	30g

[巧克力甘納許]

70% 黑巧克力	250g
動物鮮奶油	250ml
無鹽奶油	30g

[裝飾]

杏桃乾	適量
開心果	適量
蔓越莓	適量
黃金葡萄乾	適量
杏仁果	適量
腰果	適量
乾燥覆盆子碎粒	適量

STEP BY STEP

[法式甜塔皮]

1. 請依 16-18 頁的「法式甜塔皮」作法完成 20 個生塔皮（單個 20g）。
2. 烤箱預熱至 190℃，烘烤約 20 分鐘至上色後取出，拿掉鎮石，掉頭回烤 10 分鐘。

[巧克力甘納許]

3. 堅果鋪排在烤盤上、進烤箱，以 130℃烘烤約 10 分鐘後取出。

4. 倒動物鮮奶油入鍋加熱，當鍋邊開始冒泡即熄火。
5. 加入黑巧克力，充分拌勻。
6. 利用餘溫，加入奶油拌勻成巧克力甘納許，使用均質機均質，再填入擠花袋中。
7. 取出烤好的塔殼，擠上巧克力甘納許。
8. 最後放上堅果與果乾裝飾即完成。

195

3

COCONUT &
PINEAPPLE TART

南洋椰香鳳梨小塔

以慢火熬煮酸中帶甜的鳳梨餡，
刻意裸放在扁平的塔皮上，
再撒上椰子粉相伴，呈現出南洋熱帶風味。

模具：花形壓模 5cm

份量：20個

[椰子甜塔皮]

中筋麵粉	200g
杏仁粉	30g
椰子粉	1大匙
發酵奶油（室溫）	120g
糖粉	60g

鹽	1小撮
全蛋	30g

[鳳梨餡]

鳳梨	500g
二砂糖	100g
檸檬汁	1大匙

[裝飾]

椰子粉	適量
鳳梨乾	20片

STEP BY STEP

[椰子甜塔皮]

1. 請依16-18頁的「法式甜塔皮」作法完成塔皮，冷藏鬆弛取出麵團，擀成2mm厚度，用花型壓模壓出花形麵片。

2. 烤箱預熱至190℃，烘烤約15分鐘至上色後取出。

[鳳梨餡]

3. 將鳳梨去皮切細丁，與二砂糖、檸檬汁一同倒入鍋中，以中小火慢煮。

4. 煮至收汁變稠並呈現焦糖色，關火待涼。

5. 填餡入矽膠模，放冰箱冷凍定型。

[組裝]

6. 取出烤好的花形塔片，擺上脫模的鳳梨餡。

7. 於四周撒上椰子粉，最後以切成扇形的鳳梨乾裝飾即完成。

BAKING TIPS

煮鳳梨餡時，記得要不停攪動，以免鍋底燒焦了。

亦可用香蕉、蜜桃、蘋果等水果取代鳳梨，變化不同風味。

MASCARPONE CHEESE & ORANGE TART
橙香馬斯卡彭小塔

充滿鮮明柑橘風味的內餡，
那自然清新的香氣好迷人！
馬沙拉酒可提昇內餡香氣，
亦可使用蘭姆酒或橙酒取代。

模具：蛋塔模 **7×2cm**

份量：**20個**

[可可甜塔皮]

中筋麵粉	180g
杏仁粉	30g
可可粉	20g
發酵奶油（室溫）	120g
糖粉	60g
鹽	1小撮
全蛋	30g

[柳橙卡士達]

牛奶	100ml
柳橙汁	100ml
細砂糖	50g
蛋黃	2顆
玉米粉	10g
發酵奶油	20g
柳橙皮	1顆
馬斯卡彭起司	250g
馬沙拉酒	15g
動物鮮奶油	50ml

[裝飾]

香吉士	20片
柳橙薄片	適量
開心果碎	適量
動物性鮮奶油	適量

STEP BY STEP

[可可甜塔皮]

1. 請依16-18頁的「法式甜塔皮」作法，加入可可粉完成20個生塔皮（單個20g）。
2. 烤箱預熱至190℃，烘烤約15分鐘至上色後取出，拿掉鎮石，掉頭回烤10分鐘。

[柳橙卡士達]

3. 將牛奶、柳橙汁加熱，至鍋邊冒泡後關火。
4. 用打蛋器將蛋黃、細砂糖打至泛白，加入玉米粉、柳橙皮充分拌勻。
5. 將柳橙牛奶倒入步驟4中攪拌均勻。
6. 以濾網過濾後，倒回鍋中加熱回煮，需不停攪拌至鍋裡冒泡，即可離火。
7. 利用餘溫加入奶油塊拌勻至滑順狀。
8. 放涼後，以保鮮膜緊密貼合容器，放入冰箱冷藏備用。

[柳橙卡士達馬斯卡彭餡]

9. 將馬斯卡彭起司放入鋼盆中，打成乳霜狀。

10. 依序加入冷卻的柳橙卡士達、馬沙拉酒拌勻。

11. 加入打發的動物性鮮奶油拌勻後，填入擠花袋中。

12. 取出烤好的塔殼，擠入適量柳橙卡士達馬斯卡彭餡。

13. 擺上柳橙片，擠上鮮奶油，最後以開心果碎裝飾即完成。

COUSCOUS STUFFED TOMATO QUICHE

北非小米鑲烤番茄小塔

高纖的北非小米拿來做成輕食很美味健康，
製作時，特意把番茄捲在塔內，
讓食用口感更濕潤柔滑。

模具：直圓塔模 7×2.5cm

份量：10個

[番茄酥脆塔皮]

中筋麵粉	200g
發酵奶油（冰）	100g
鹽	3g
番茄汁	65ml

[內餡]

義大利綜合香料	1大匙
北非小米（Couscous）	1/2米杯
麵包粉	30g

高湯	1/2米杯
研磨黑胡椒	少許
海鹽	少許
橄欖油	適量
牛番茄	4顆
紫洋蔥	1/2顆
大蒜	2瓣
小黃瓜	1條
紅甜椒	1/2顆
羅勒	適量
帕瑪森起司	適量

[裝飾]

鮮蝦	8隻
巴西里	適量

STEP BY STEP

[番茄酥脆塔皮]

1. 請依23-24頁的「法式酥脆塔皮」作法完成8個生塔皮（單個45g）。

2. 烤箱預熱至190℃，烘烤約20分鐘至上色後取出，拿掉鎮石、刷上蛋液，續烤5分鐘。

[內餡 & 裝飾]

3. 將紫洋蔥去皮，與小黃瓜、紅甜椒都分別切成末，羅勒則切碎，備用。

4. 蝦子去頭去殼，開背去腸泥後，放入滾水鍋中汆燙至熟後撈出。

5. 倒高湯入鍋，煮沸後與小米一同浸泡燜熟。

6. 混合所有蔬菜食材，倒入橄欖油、鹽調味拌勻。

7. 將番茄橫剖、去籽，再切成與塔皮同高的圈狀，放入烤好的塔殼內。

8. 舀入內餡，撒上帕瑪森起司。

9. 烤箱預熱至180℃，烘烤約20分鐘後取出，放上蝦子裝飾即完成。

BAKING TIPS

北非小米即為「庫斯庫斯（Couscous）」，它其實不是小米，而是用小麥粉或杜蘭小麥粉加入些許鹽水搓出來的小顆粒，以等比例的高湯或滾水浸泡5分鐘左右即可食用；可搭配上烘烤過的蔬菜，或淋上橄欖油做成美味料理。

6

PLEUROTUS WITH
MASHED PUMPKIN SOUP &
CITRUS QUICHE

杏鮑菇橘汁佐南瓜泥小塔

用杏鮑菇取代干貝來做這道派對小塔，
厚實的菇肉有著不輸給干貝的嚼勁；
喜歡海鮮的朋友，當然也可直接用大干貝。

模具：三角菊花模 7.6×7.4×1.9cm

份量：10 個

[櫻花蝦酥脆塔皮]

中筋麵粉	200g
發酵奶油（冰）	100g
鹽	3g
全蛋	1顆
冷水	15ml
櫻花蝦	1大匙

[內餡]

南瓜	700g
海鹽	適量
黑胡椒	適量
橄欖油	適量
香吉士	2顆
葡萄柚	1顆
杏鮑菇	2根
蝦夷蔥	適量

[裝飾]

黑松露醬	少許
百里香	適量

STEP BY STEP

[櫻花蝦酥脆塔皮]

1. 請依23-24頁的「法式酥脆塔皮」作法，加入櫻花蝦完成10個生塔皮（單個40g）。

2. 烤箱預熱至190℃，烘烤約20分鐘至上色後取出，拿掉鎮石、刷上蛋液，續烤10分鐘。

[內餡]

3. 南瓜去皮去籽，放入電鍋蒸熟。

4. 趁熱與海鹽、黑胡椒、橄欖油一起攪打成泥狀。

5. 杏鮑菇切成1.5cm段，放入平底鍋中，煎至上色後盛起。

6. 將1顆香吉士榨汁，另1顆去皮、取果肉，切成薄片；葡萄柚也去皮、果肉切成薄片。

7. 倒果汁與果肉入鍋，以小火加熱，備用。

8. 取出烤好的塔殼，先填入南瓜餡，再依序放上香吉士果肉、葡萄柚果肉。

9. 放上煎好的杏鮑菇，淋上步驟7的香吉士汁。

10. 淋上橄欖油、撒黑胡椒，並以黑松露醬、百里香裝飾即完成。

ORANGE JUICE & SWEET POTATOES TART
橙香蜜漬地瓜小塔

蜜漬地瓜是我們很熟悉的一道甜點，
把它轉化成內餡，鬆軟的地瓜與酸甜橙汁，
組合展現出清爽又甜蜜的滋味。

INGREDIENTS

模具：船型模11.5×6×2cm

份量：12個

[抹茶甜塔皮]

中筋麵粉	190g
杏仁粉	30g
抹茶粉	10g
發酵奶油（室溫）	120g
糖粉	60g
鹽	1小撮
全蛋	30g

[地瓜餡]

麥芽糖	150g
二砂糖	150g
柳橙汁	50ml
紅地瓜	2條
黃地瓜	2條
鹽	2g

[裝飾]

柳橙皮末	適量
黑白芝麻	適量

STEP BY STEP

[抹茶甜塔皮]

1. 請依16-18頁的「法式甜塔皮」作法，加入抹茶粉完成12個生塔皮（單個35g）。
2. 烤箱預熱至190℃，烘烤約20分鐘至上色後取出，拿掉鎮石，掉頭續烤10分鐘。

[地瓜餡]

3. 地瓜洗淨，連皮切成滾刀狀，泡水30分鐘後撈出。
4. 倒橙汁、糖、鹽入鍋，煮至糖融化為止。
5. 放入地瓜塊，以小火煮至熟軟且收汁入味，待涼備用。
6. 將煮好的地瓜塊放入塔殼中。
7. 撒上適量黑白芝麻，並以橙皮末裝飾即完成。

BAKING TIPS

想讓蜜地瓜有更Q彈的口感,可先將地瓜蒸至半熟後,再泡進煮好的沸騰糖水裡泡至冷卻,再重覆煮沸與冷卻的動作,直到地瓜熟透為止。

煮地瓜時,切忌不要太過度攪動,以免地瓜塊碎裂。

8

MINT & MANGO
SALSA QUICHE
薄荷芒果莎莎小塔

這道莎莎醬小塔的口味比較溫和，
你也可以加強辣度；
使用的蔬果食材可依時令季節做變化，
做出不同的四季風味。

模具：小橢圓模 7.6×5×1.9cm

份量：18個

[法式酥脆塔皮]

中筋麵粉	200g
發酵奶油（冰）	100g
鹽	3g
全蛋	1顆
冷水	15ml

[內餡]

紫洋蔥	1/2顆
薄荷葉	20g
白火龍果	1顆
芒果	1顆
牛蕃茄	2顆
墨西哥辣椒	3片
香菜	20g
檸檬汁	1大匙
鹽	適量
黑胡椒	適量

[法式酥脆塔皮]

1. 請依23-24頁的「法式酥脆塔皮」作法，完成18個生塔皮（單個20g）。

2. 烤箱預熱至 190℃，烘烤約20分鐘至上色後取出，拿掉鎮石、刷上蛋液，續烤10分鐘。

[內餡]

3. 洋蔥去皮切丁；番茄去籽切丁；芒果與火龍果皆去皮、切丁，備用。

4. 香菜、薄荷、墨西哥辣椒全部切碎，備用。

5. 將以上食材放入大碗中，加入調味料一同拌勻。

6. 取出烤好的塔殼，舀入內餡後即完成。

9

POTATO & EGG SALAD QUICHE
馬鈴薯蛋沙拉小塔

口味老少咸宜的馬鈴薯沙拉，
製作簡單、上菜快速方便，
也能替換成喜愛的蔬果食材，
是宴會派對必備的小塔。

模具：菱形菊花模 8.9×6×1.9cm

份量：10個

[法式酥脆塔皮]

中筋麵粉	200g
發酵奶油（冰）	100g
鹽	3g
全蛋	1顆
冷水	15ml

[內餡]

馬鈴薯	3顆
小黃瓜	1條
紅蘿蔔	30g
水煮蛋	3顆
蘋果	1顆
美乃滋	3-4大匙
牛奶	50ml
鹽	適量

[裝飾]

巴西里	適量
小番茄	適量
蝦卵	適量

STEP BY STEP

[法式酥脆塔皮]

1. 請依23-24頁的「法式酥脆塔皮」作法，完成10個生塔皮（單個35g）。
2. 烤箱預熱至 190℃，烘烤約20分鐘至上色後取出，拿掉鎮石、刷上蛋液，續烤10分鐘。

[內餡]

3. 馬鈴薯去皮切塊，放入電鍋蒸熟；紅蘿蔔去皮、切細丁，放入滾水鍋中 燙一下後撈起，備用。
4. 小黃瓜、蘋果皆去籽、切小丁；切碎水煮蛋，備用。
5. 趁熱將馬鈴薯壓成泥狀，加入牛奶拌軟成滑順狀。
6. 將水煮蛋碎、紅蘿蔔丁、美乃滋、小黃瓜丁、蘋果丁一同放入大碗中，調味並拌勻成內餡。

7. 取出烤好的塔殼，舀入內餡，最後以剖半小番茄、蝦卵 、巴西里裝飾即完成。

10

SMOKED SALMON
HORSERADISH CREAM
CHEESE QUICHE

燻鮭辣根奶油乳酪塔

燻鮭魚總是派對上少不了的食材，
不論是油脂度或色澤都引人食指大動！
將它和清爽的醬搭在一起吃，甚是美味。

INGREDIENTS

模具：菱形菊花模 8.9×6×1.9cm

份量：10 個

[法式酥脆塔皮]

中筋麵粉	200g
發酵奶油（冰）	100g
鹽	3g
全蛋	1 顆
冷水	15g

[內餡]

酸豆	10g
辣根醬	125g
奶油乳酪	250g

[裝飾]

煙燻鮭魚	13 片
新鮮蝦夷蔥	25g
豌豆苗	適量

STEP BY STEP

[法式酥脆塔皮]

1. 請依 23-24 頁的「法式酥脆塔皮」作法，完成 10 個生塔皮（單個 35g）。

2. 烤箱預熱至 190℃，烘烤約 20 分鐘至上色後取出，拿掉鎮石、刷上蛋液，續烤 10 分鐘。

[內餡]

3. 將奶油乳酪與辣根醬拌勻。

4. 取出烤好的塔殼，填入些許辣根乳酪醬。

5. 放上豌豆苗以及捲成圈狀的燻鮭。

6. 最後撒上些許酸豆、細香蔥裝飾即完成。

亦可用一般的義式油醋醬汁取代辣根乳酪醬，變化成另種口味。

市售的煙燻鮭魚有原味及蒔蘿…等風味，可搭配使用。

· 特別感謝 拍攝協力 ·

jiao studio 《嚼嚼生活研究室》

地址：台南市永康區文化路42號

電話：06-201-9559、0928 126 002

服務項目：活動場地出借

FB：https://www.facebook.com/jiaostudio/

BergHOFF®
比利時・焙高福

亮彩鍋系列

樂食Santé04

不失敗玩塔派！

皮餡基礎與造型變化，在家做出
季節感 × 多國籍 × 一口食的創意塔派

作者｜莊雅閔
拍攝協力｜廖頌真
主編｜蕭歆儀
攝影｜王正毅
封面與內頁設計｜D-3 design
行銷經理｜張元慧
業務｜廖建閔
出版者｜幸福文化出版社

發行｜遠足文化事業股份有限公司
地址｜31 新北市新店區民權路108-2號9樓
電話｜02-2218-1417
傳真｜02-2218-8057
電郵｜service@bookrep.com.tw
郵撥帳號｜19504465
客服專線｜0800-221-029
部落格｜http://777walkers.blogspot.com/
網址｜http://www.bookrep.com.tw
法律顧問｜華洋法律事務所 蘇文生律師

印製｜凱林彩印股份有限公司
電話｜02-2794-5797
初版一刷 西元2017年9月
Printed in Taiwan 有著作權 侵害必究

國家圖書館出版品預行編目(CIP)資料

不失敗玩塔派!皮餡基礎與造型變化，在家
做出季節感、多國籍、一口食的創意塔派 /
莊雅閔著. -- 初版. -- 新北市 : 幸福文化,
2017.09　面；　公分. -- (Sante ; 4)
ISBN 978-986-95238-3-7(平裝)

1.點心食譜

427.16　　　　　　　106016028